平急两用建筑的设计和建设管理实践

——深圳湾区生态国际酒店

高冠新　张海鹏　杨卫东　**编著**

东南大学出版社
SOUTHEAST UNIVERSITY PRESS
·南京·

图书在版编目（CIP）数据

平急两用建筑的设计和建设管理实践：深圳湾区生
态国际酒店 / 高冠新, 张海鹏, 杨卫东编著. -- 南京：
东南大学出版社, 2023.12

ISBN 978-7-5766-1249-3

Ⅰ.①平… Ⅱ.①高… ②张… ③杨… Ⅲ.①建筑设
计—研究—深圳②工程项目管理—研究—深圳 Ⅳ.
①TU2②F284

中国国家版本馆CIP数据核字(2023)第256880号

责任编辑：魏晓平　　责任校对：韩小亮　　封面设计：逸美设计　　责任印制：周荣虎

平急两用建筑的设计和建设管理实践——深圳湾区生态国际酒店
Pingji Liangyong Jianzhu De Sheji He Jianshe Guanli Shijian——Shenzhen Wanqu Shengtai Guoji Jiudian

编　　著	高冠新　张海鹏　杨卫东
出版发行	东南大学出版社
社　　址	南京市四牌楼 2 号（邮编：210096）
出 版 人	白云飞
网　　址	http://www.seupress.com
经　　销	全国各地新华书店
印　　刷	南京艺中印务有限公司
开　　本	787 mm × 1092 mm　1/16
印　　张	11.25
字　　数	283 千字
版　　次	2023 年 12 月第 1 版
印　　次	2023 年 12 月第 1 次印刷
书　　号	ISBN 978-7-5766-1249-3
定　　价	118.00 元

（本社图书若有印装质量问题，请直接与营销部联系。电话：025-83791830）

编写委员会

主编

高冠新　张海鹏　杨卫东

副主编

王晓光　罗海川　陈仕华　邢云梁　张宗军　王子佳
徐金鑫

编委（按姓氏拼音排名、排名不分先后）

才劲涛　蔡　勇　陈　诚　代辉宇　关　军　郭　涛
金廷柱　林　谦　刘　洪　刘　永　龙　锋　宁晓彤
欧竹平　钱　明　秦崇瑞　施春雷　宋海波　税　勇
孙树伟　王立丰　王　琼　王永政　徐　鹏　徐　微
赵宝军　周志轲

目录

下篇 ·· 管理篇

上篇　技术篇

第一章 规划设计

第一节 项目背景

建筑业是我国国民经济的重要支柱产业。近年来，我国建筑业持续快速发展，产业规模不断扩大，建造能力不断增强，有力地支撑了国民经济持续健康发展。在我国经济由高速增长转向高质量发展的新阶段，建筑业高质量发展不仅是国民经济高质量发展的重要组成部分，同时也是国民经济其他行业高质量发展的重要前提和保障。新形势下，建筑业的行业发展面临着前所未有的机遇和挑战，依靠规模快速扩张的传统发展模式将难以为继，发展质量有待提高。

"智慧建造"是一种利用信息化、自动化与智能化技术，通过替代传统的人工劳动以实现工程建造的技术手段与建造理念。在作为劳动密集型行业的建筑业未来发展面临极端天气带来的巨大挑战之际，随着气候变化加剧和劳动力短缺问题凸显，"智慧建造"已成为实现建筑高质量发展的重要抓手。

与此同时，全球气候变化的影响给全人类生存发展带来重大挑战，主要国家和地区纷纷加速向碳中和迈进。建筑作为人们工作和生活的主要空间载体，在建材的生产运输、建筑的建造以及建筑的运行过程中均发生大量的能源资源消耗。建筑能源资源消耗是我国能源消耗的三大来源之一，实现"绿色建造"成为建筑业发展的迫切需求。

为有效应对各类突发风险，国务院通过了《关于积极稳步推进超大特大城市"平急两用"公共基础设施建设的指导意见》。该意见指出：在超大特大城市积极稳步推进"平急两用"公共基础设施建设，是统筹发展和安全、推动城市高质量发展的重要举措；实施中要注重统筹新建增量与盘活存量，积极盘活城市低效和闲置资源，依法依规、因地制宜、按需新建相关设施；要充分发挥市场机制作用，加强标准引导和政策支持，充分调动民间投资积极性，鼓励和吸引更多民间资本参与"平急两用"设施的建设改造和运营维护。

深圳湾区生态国际酒店项目具有"平急两用"功能，在建设过程中以高质量发展为引领，采用装配式建造技术提高施工效率，采用智能化技术提高管理效率，采用绿色环保材料和技术提高绿色建造水平，为整个建筑行业的高质量发展提供了借鉴和启示。

（1）项目顺应时代发展潮流，通过应用模块化建造技术，提升项目的"智慧建造"和"快速建造"的能力。项目建筑面积 25.65 万平方米，仅用时 4 个月完成。项目通过模块化建造技术，仅用 44 天就建成先行的 2 栋 7 层三星级酒店，相比同规模的传统建筑，工期节省比例约 65% ~ 75%。项目施工现场日均工人数减少 64%，总体装配率为 94.3%，达到国家最高等级 AAA 级装配式建筑标准。

（2）为提高项目管理效率，达成"质量一流、本质安全、工期保障、平急两用"的目标，项目建设全过程应用建筑信息模型（Building Information Modeling，BIM）技术，以"参数化设计、构件化生产、智慧化运输、装配化施工、数字化运维"为导向，在项目 5 个阶段、36 个应用场景应用 BIM 技术。智慧建造极大地降低了项目建设过程中人的不安全行为、物的不安全状态、环境的不安全因素及管理缺陷，使数据传递更加广泛快捷，工程决策更加科学及时，项目管理水平和效率显著提升，实现工程规划—建设—运行的全生命期价值创造。

（3）项目以实现国家绿色建筑二星级标准为目标，进行系统化的绿色建造管理，运用新型的绿色建造技术。同时将建筑废弃物资源化、无害化等绿色及可持续发展理念贯穿整个设计、施工过程，打造建筑废弃物减量标杆。

第二节　总体设计

深圳湾区生态国际酒店项目紧邻白沙湾而建，在特殊时期，项目用于提供隔离及应急医疗服务；在平时，项目可以作为周边资源的配套建筑，通过轻微改造可作为大学的学生宿舍或旅游酒店，从而实现"平急两用"的目标。项目应用了模块化集成建筑（Modular Integrated Construction）、BIM正向设计等多种新型建造技术，最终实现了快速建造、智慧建造和绿色建造。

1. 区位情况

项目位于深圳市大鹏新区葵涌坝光村，紧邻白沙湾路、排牙山路、环坝路，毗邻未来拟建设的海洋大学。项目距离深圳北高铁站68公里；距离宝安机场89公里，车程约100分钟；距离深圳湾口岸76公里，车程约80分钟。

2. 用地范围

项目位于深圳市大鹏新区葵涌坝光村排牙山路两侧，分为南、北两个地块，用地面积共8.1万平方米。其中北地块南临排牙山路，北至白沙湾路，占地面积40548.97平方米；南地块北临排牙山路，东至环坝路，占地面积40459.50平方米。

3. 用地环境

项目用地现状为空地，地块总体南高北低，平均高差约6～9米，地块内存在山地及坑洼地，需考虑截洪和排水。

北地块场地平坦，三面环路，背靠白沙湾，场地条件良好，交通便利，存在局部高地（长约55米，宽22米，高差2.5米），北侧新建市政路正在收尾施工。

南地块为原始林地，场内林木茂密，高差悬殊大，低洼处积水严重，场平工作量较大，最高点高出道路约 20 ~ 30 米，低洼处低于市政路 2 米。

4. 总体布局

项目在设计时充分考虑以人为本、绿色低碳、平急两用的设计需求。总建筑面积 25.65 万平方米（图 1-1），设计使用年限为 50 年，包含 6 栋 7 层酒店、5 栋 18 层酒店、2 栋员工宿舍、医疗废弃物处理站、污水处理站等独立配套用房（图 1-2）。项目建成后，客房共计 3208 间；酒店高风险岗位工作人员房间共计 279 间；生活服务区配套服务人员房间共计 600 间，每间房能够容纳 2 ~ 4 人，能够满足 1200 ~ 2400 名服务人员的居住需求（图 1-3）。酒店均为精装交付，房间均保证客人及配套工作人员拎包即可入住。

图 1-1　用地范围

图 1-3　项目楼栋分区

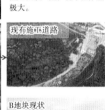

图 1-2　用地周边环境

该项目由排牙山路分成南、北两部分，分别命名为A地块和B地块（图1-4～图1-7）。

排牙山路北侧为A地块，包含6栋7层酒店、管理用房、司机工作站、洗衣房、垃圾焚烧站、污水处理等配套用房以及相关设备用房。其中A1#~A5#为标准大楼，A6#首层设门诊医疗部，含普通门诊、隔离留观、医技CT等医疗功能。酒店群采用"二"字形布局方案，在"二"字形的中心设置广场，用以满足消防扑救、采光和通风的需要。A地块在东北侧方向白沙湾路和南侧方向排牙山路设置两个出入口。当作为隔离酒店时，隔离人员和车辆从东北侧口进出，设置固定通行路线，单独消杀；而酒店服务人员则从南侧口进出，设置专用通行路线为隔离人员提供服务，避免了流线交叉。此外，在A地块的西侧设置污物出口，统一收集A地块的污染垃圾，并集中处理。

排牙山路南侧为B地块，包含了4栋18层酒店、1栋18层员工宿舍、1栋7层员工宿舍、厨房和员工餐厅、酒店管理办公用房、物资库、司机工作站等配套用房以及相关设备用房。酒店群自北向南环山分布，并沿山设置内部通行道路，以便隔离人员和车辆从B地块北侧口进出，从每栋酒店的西侧大门进出；而酒店服务人员则沿B地块外侧环坝路，从酒店东侧大门进出，避免了流线交叉。B地块的污染物出口设置在西北侧，同样实现集中统一处理的功能。

01 主入口Logo景墙	09 酒店入户区
02 主入口门楼	10 林荫大道
03 入口广场	11 隔离绿篱
04 升旗台+特色绿化	12 垃圾转运场地
05 停车场	13 宿舍出入空间
06 草坪景观	14 餐厅出入空间
07 落客区	15 南区主入口
08 大地景观+点景大树	

图1-4 项目总平面布局

图 1-5　总体规划效果

图 1-6　沿海规划效果

图 1-7　沿环坝路规划效果

5. 日照分析

项目总平面楼栋布局合理，居室朝向良好，满足大寒日 1 小时的满窗日照标准，酒店房间及宿舍均有较好的日照条件（图1-8）。

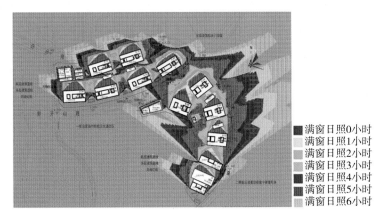

满窗日照0小时
满窗日照1小时
满窗日照2小时
满窗日照3小时
满窗日照4小时
满窗日照5小时
满窗日照6小时

图1-8 日照分析图

6. 场地竖向设计

用地总体南高北低，平均高差约 6 ～ 9 米。A 地块场地较为平坦，场地设计标高在 6.30 米左右；B 地块场地高差悬殊大，南高北低，地势随环坝路路面设计标高，场地设计标高从南端 14.20 米缓降至北端 5.60 米，南北向平均坡度约 2.9%（图1-9）。

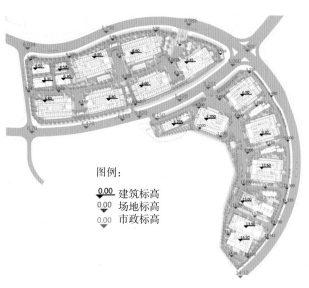

图例：

<u>0.00</u> 建筑标高
0.00 场地标高
0.00 市政标高

图1-9 场地标高

7. 总图消防设计

1）防火间距

A 地块内各栋建筑之间的防火间距：多层酒店之间、多层酒店与配套用房之间不少于 6 米，配套用房之间除 3# 楼与 4# 楼外均不小于 6 米，3# 楼与 4# 楼的间距为 3.55 米，3# 楼耐火等级不低于二级且屋顶无天窗，4# 楼北侧开口部位设置甲级防火门、窗。各栋之间的防火间距满足消防要求。

B 地块内各栋建筑之间的防火间距：12# 设备房与 15# 设备房、13# 设备房与 16# 设备房相邻外墙为防火墙，紧邻布置；12# 设备房与 B-3# 酒店之间间距为 6.20 米，13# 设备房与 B-4# 酒店之间间距为 8.46 米；其余高层与高层之间不小于 13 米，高层与多层之间不小于 9 米，多层与多层之间不小于 6 米。各栋之间的防火间距满足消防要求。

2）消防车道

项目设置环形消防车道，A 地块在西侧江屋山路和东侧白沙湾路共设置两个出入口与外部道路相连，B 地块在北侧排牙山路共设置两个出入口与外部道路相连。消防车道的净宽 4 米，最大的坡度 4.26%，转弯半径不小于 12 米（6 米宽车道按折减计算）（图 1-10）。消防车道路基荷载按 35.3 吨设计。各项均满足消防要求。

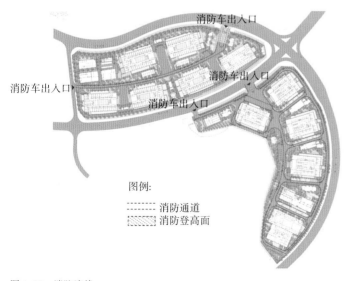

图例：
------- 消防通道
▨▨▨ 消防登高面

图 1-10 消防流线

3）消防登高面

B 地块高层建筑的塔楼，连续设置长度不小于 1/4 周长且大于一个长边的消防车登高操作场地，场地荷载 35.3 吨，同时在此范围内设有直通室外的楼梯或直通楼梯间的出入口。在消防车登高操作场地一侧的建筑外墙，还设置有可供消防救援人员进入的窗口，满足消防要求。

8. 景观设计

1）景观设计理念

深圳湾区生态国际酒店项目具有优良的景观资源。项目北望白沙湾，南靠排牙山，同时享有极佳的山景与海景。此外，项目周边配置有坝光水生态公园、白沙湾公园、深圳坝光银叶树湿地园、核坝路谷坝光湿地公园等自然景观，可为酒店入住人员带来大自然的亲近感。

酒店北区绿化面积 1.23 万平方米，绿化率 30.24%；南区绿化面积 1.22 万平方米，绿化率 30.17%。此外，景观设计整体还考虑了平急转换的功能。为保证隔离人员居住期间园区环境卫生优良、易于消毒，景观设计结合登高面预留铺装广场、中庭，注重兼容观赏性及实用性，用良好的视觉景观环境改善人的心理状态（图 1-11～图 1-13）。

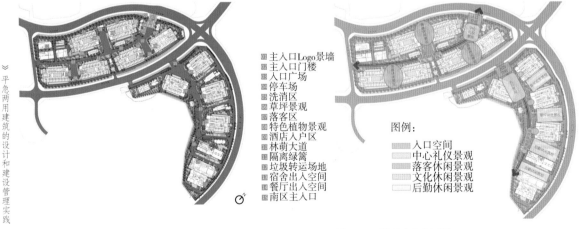

主入口Logo景墙
主入口门楼
入口广场
停车场
洗消区
草坪景观
落客区
特色植物景观
酒店入户区
林萌大道
隔离绿篱
垃圾转运场地
宿舍出入空间
餐厅出入空间
南区主入口

图例：
入口空间
中心礼仪景观
落客休闲景观
文化休闲景观
后勤休闲景观

图 1-11 景观设计总平面图　　　　　　图 1-12 景观功能分区图

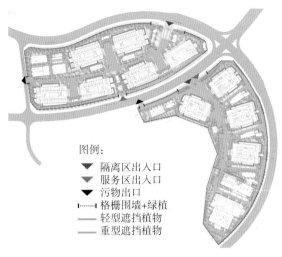

图例：
▼ 隔离区出入口
▼ 服务区出入口
▼ 污物出口
┈┈ 格栅围墙+绿植
── 轻型遮挡植物
── 重型遮挡植物

图 1-13 绿化防护分析

2）景观设计原则

（1）建立疗愈为主的酒店景观体系

人性关怀：酒店景观环境充分考虑隔离人员的心理需求，引入大量绿植景观，在视觉上弱化园区区域划分感，营造自然疗愈的景观氛围；

防疫净化：采用消毒杀菌、净化空气的树种，构建保健型植物群落，促进隔离人员的身心健康，

快速建造：以速生植物为主，快速营造效果，便于后期运营管理与改造。

（2）重点功能区域设计

主入口大门：采用开敞通透风格，分别设置车行、人行出入口，在出口一侧设置岗亭（图 1-14 ～图 1-17）。

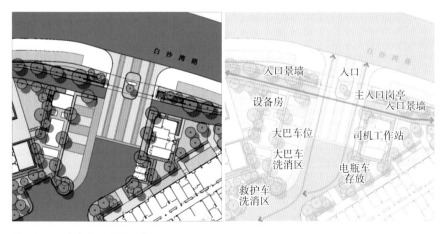

图 1-14 A 地块主入口平面图

图 1-15 A 地块主入口设计效果

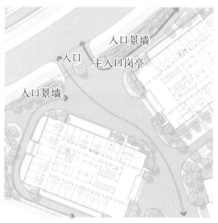

入口景墙

入口　主入口岗亭

入口景墙

图 1-16 B 地块主入口平面图

图 1-17 B 地块主入口设计效果

　　围墙及内部防护：外部围墙采用栏杆式，满足快建模式，考虑分段、有节奏的虚实对比，在栏杆外侧种植开花植物并考虑变化。园区内部在隔离区与生活区之间设置重型绿篱，从空间上将两个区域分开，避免人流交叉感染；在隔离区及生活区设置轻型绿篱，加强视线隔离、空气隔离、卫生隔离（图1-18）。

　　大堂入口广场：采用大面积硬质景观铺地，便于消杀管理，满足大巴车停靠、回转及隔离人员落客、排队、等候、行李消杀等空间的设置需求（图1-19、图1-20）。

图1-18　围墙设计效果

图1-19　A地块大堂入口广场设计效果

图1-20　B地块大堂入口广场设计效果

中庭：为便于隔离期间酒店消杀管理，酒店内部庭院景观设计以采用硬质铺地为主（图1-21、图1-22）。

设备：室外配电箱及平台设备在外围设置绿化遮挡。

图1-21　A地块园区道路设计效果

图1-22　B地块园区道路设计效果

（3）平急功能转换

为保证隔离人员居住期间园区环境卫生优良、易于消毒，景观设计结合登高面预留铺装广场、中庭，注重兼容观赏性及实用性，用良好的视觉景观环境改善人的心理状态。

3）植物设计

（1）人性化的绿化设计理念

绿化设计应该贯穿"以人为本，生态优先"的要求，增加园区绿量，

满足使用功能的综合要求。植物景观设计关注园区隔离人员及未来居住其间的学生们在生活上的舒适性，在植物配置时重视季相变化，并结合当地的主导风向进行设计，以有效地阻挡冬季风和引入夏季风，减弱气候不利因素对园林环境造成的影响，创造自然、舒适、亲近、宜人的植物景观空间。

植物造景多采用生态型配置，即以常绿树为基调树种，以乔木为骨干树种，以片植、丛植、群植为主，并注意地被植物及草坪的覆盖，创造生态型植物景观，努力实现"人性化"的设计理念。

（2）符合总图规划的功能要求

项目的植物造景，首先考虑总图规划的绿地的性质和主要功能，使不同的园林绿地具备不同的功能。

园区内道路两侧绿地的主要功能是荫蔽、吸尘、隔音、美化等，因此选择了易活的，对土、肥、水要求不高的，耐修剪的，树冠高大挺拔的，叶密荫浓的，生长迅速的，抗性强的树种作为行道树，同时也考虑了组织交通的问题。

项目的主要功能区为防疫隔离病房，因此在客房区周围考虑了卫生防护和噪声隔离的需求，同时较多地考虑了花木种植，以供休息观赏。

另外，设计根据两个地块不同的功能布局，合理布置了供休憩的绿地或草坪，以及遮阴的乔木，艳丽的成片灌木，或供散步休息的疏林等。

（3）树种的科学选用与配比

园区内绿化树种的配置根据当地气候分布、土壤地貌、周围环境等自然状态，结合地块内不同的规划组织结构类型进行适宜的选择，同时考虑到疫后大学生居住人群的年龄需求合理选择树种，注意选择无絮无毒、无刺激性气味、少花粉、抗污染力强、耐干旱瘠薄的绿化树种。建筑南侧阳光强烈，设计树种时需考虑植物的喜光特性，做到适地适树，最大限度地发挥其使用功能。

植物多样性是园林生态绿化的基础，一定面积的园林绿地应配置相应数量的植物种类。不同树种的比例是影响园林植物景观效益的重要因素之一，不同地区的适应比例不同，该项目的景观设计充分考虑了这一因素（图1-23～图1-26）。

绿化设计时，在平面上考虑了合理的种植密度，使植物有足够的营养空间和生长空间，从而形成较力稳定的群体结构。

另外也考虑了植物的生物特征，注意将喜光与耐阴、速生与慢生、深根性与浅根性等不同类型的植物进行了合理搭配，在满足植物生态条件的基础上创造出了优美、稳定的植物景观效果。

（4）植物景观设计的艺术性

园区内的植物配置处理了建筑、山、水、道路的关系，且符合艺术美

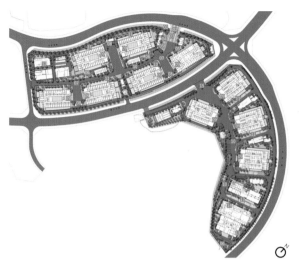

图 1-23 植物配置平面图

人面子　　　　　　四季桂　　　　　　朴树　　　　　　丛生柚子

黄花风铃木　　　　红鸡蛋花　　　　　丛生铁冬青

图 1-24 乔木配置

的规律，合理的搭配最大限度地发挥了园林植物"美"的魅力，形成不同的景观感受，给人以视觉、听觉、嗅觉上的美感。

　　植物的搭配也考虑了四季景色的变化，丰富的植物色彩随着季节的变化交替出现，使四季有景可赏。植物景观组合的色彩、芳香、植株、叶、花、果的形态变化是多种多样的，且主次分明，从建筑规划的功能出发，突出某一个方面，充分发挥了园林植物本身的特点。

　　① 春季植物分析

　　春天主要以紫粉色的紫花风铃木、黄色的黄花风铃木为点缀色彩，主

紫娇花　　　米兰　　　黄金叶　　　翠芦莉　　　勒杜鹃(三角梅)

大叶青铁(绿叶朱蕉)　小花龙血树　雪茄花　　胡椒木　　金心巴西铁
　　　　　　　　　　　　　　　(火红萼距花)　　　　　　(香龙血树)

图 1-25　地被配置

红车(红枝蒲桃)绿篱

火山榕(厚叶榕)绿篱

图 1-26　绿篱植物选用

调色调仍以绿色为主（图 1-27）。

② 夏季植物分析

夏天主要以遮阴为主，搭配鸡蛋花点缀黄色的黄槿、红色的的凤凰木、紫色的小叶紫薇（图 1-28）。

③ 秋季植物分析

秋天主要以常绿乔木为主，其中也伴有黄色的桂花、色叶的红枫和乌桕（图 1-29）。

④ 冬季植物分析

冬天主要以常绿乔木为主，搭配紫花风铃木和粉色的洋紫荆（宫粉羊蹄甲）（图 1-30）。

（5）增加绿化数量，提高绿化面积

园林绿化设计要充分考虑季相变化和生态作用，通过不同树种间的科学配比与乔、灌、草、藤和地被植物的复层混交配置立体绿化，构建点、线、面结合的居住区双向绿地系统，如以楼间绿地和组团绿地为"点"、以沿区内主要道路绿化带为"线"、以区内广场及小花园为"面"相结合的水平绿地系统，从而丰富植物景观，大大提高了园区内风景园林绿量。为了

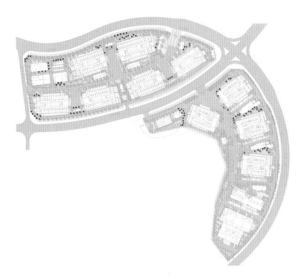

香樟（常绿）　刚竹（常绿）人面子（常绿）黄花风铃木　　紫花风铃木

图 1-27　春季植物分析

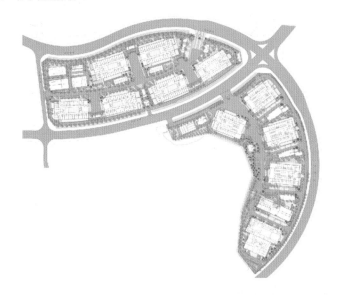

红鸡蛋花　　　　　鸡蛋花　　　　　黄槿　　　　　凤凰木　　　　小叶紫薇

图 1-28　夏季植物分析

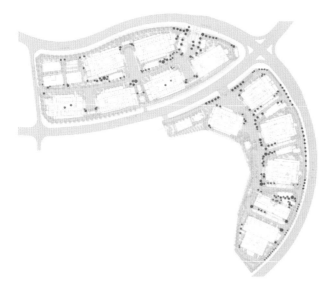

| 丛生柚子 | 红枫 | 小叶紫薇 | 丛生朴树 | 乌桕 | 四季桂 |

图1-29 秋季植物分析

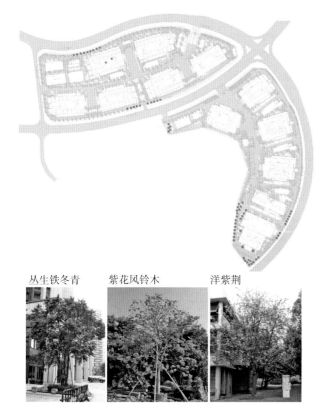

| 丛生铁冬青 | 紫花风铃木 | 洋紫荆 |

图1-30 冬季植物分析

提高绿视率，在围墙等部位进行了垂直绿化，在部分建筑的露台及阳台进行绿化设计，提高隔离园区内的立体绿化效果。

（6）科学地采用与推广地被植物

项目的设计大量应用了地被植物，地被植物的选用是推动绿化生物多样性和造景多样性的重要举措，而且是进一步提高绿化质量和档次的重要途径，更能体现"以人为本、返璞归真"的自然美化效果。该项目园林地被植物的应用主要采用花坛、花境、林下地被、缀花草坪等形式，使园区内能欣赏到一年四季的美妙景色，满足现代都市人崇尚自然、回归自然的心理需求。

4）灯光布置

园区内景观灯光分为功能性照明和景观照明两种，前者指负责道路照明的庭院灯、草坪灯；后者指根据景观设计要求，对指定的建筑小品、景石、景墙、树木等进行照明的设计（图 1-31～图 1-34）。

关于道路照明，根据道路的宽度选择适宜的道路照明灯具。当道路宽度小于 2 米时，选用草坪灯，灯的间距为 10 米，单侧布置；当道路宽度大于 2.5 米时，选用庭院灯，灯具间距为 20 米，单侧布置；当道路宽度大于 6 米时，采用庭院灯且双侧布置。庭院灯光源为节能灯，路口处庭院灯光源采用金属卤化物灯。停车区的照明采用庭院灯，光源为金属卤化物灯。

关于景观照明，景观照明的灯具有照石头灯、照墙灯、照树灯、地埋装饰灯等。在设计中，根据被照物各自的情况，按实际要求选择各种功率类型的灯具。

关于光源选择，照石头灯采用金属卤化物灯，落地安装；照墙灯采用金属卤化物灯，地埋式装设；照树灯采用金属卤化物灯，地埋式安装在铺装地面内，或落地式安装在绿地内；地埋装饰灯常采用 LED 灯，光源颜色

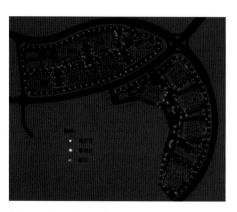

图 1-31　灯光布点图

平急两用建筑的设计和建设管理实践

图 1-32　A 地块道路灯光设计效果

图 1-33　A 地块落客区灯光设计效果

图 1-34　B 地块主入口灯光设计效果

为白色，安装在铺装路面内或广场中心内。

整个园区的灯光布置合理，照度与环境相协调，光感均匀柔和且凸显出了丰富的景深与层次。

5）铺装设计

项目在景观设计中为了使不同铺装材料的效果得到充分发挥，充分分析并把握住铺装设计的节奏韵律、色彩、质感等，同时注重铺装尺度，营造出不同的光影效果，进而提高园林景观的综合设计水平（图1-35）。

在铺装材料的颜色选择上，本着在同一色调内，通过色度、明度的变化来实现色彩的有效调和，营造出沉静的气氛。同时也注意铺装效果的节奏和韵律的统一变化，实现和谐化、整体化的铺装效果。

质感对园林景观铺装设计效果有着非常大的影响，通过合理设计铺装质感，可以进一步凸显铺地的层次感。另外，铺装的质感还可对人所处的位置产生一定的暗示。铺装时必须全面地了解不同材料的特点，充分发挥不同材料的优势，使其形成一定的空间特色。项目在景观设计中注重了对发挥不同材料优势的考虑，通过质感对比的方式增强质感设计效果，用不同质感的对比突出不同材料的优点，彰显出不同素材的美感。

同时，考虑防疫需求，在每栋隔离病房出入口及酒店内部庭园大面积采用易于消杀的硬质铺装材料。

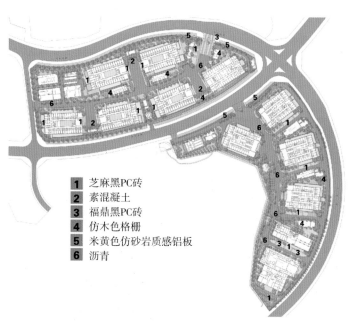

1　芝麻黑PC砖
2　素混凝土
3　福鼎黑PC砖
4　仿木色格栅
5　米黄色仿砂岩质感铝板
6　沥青

图1-35　铺装设计平面

第三节　单体设计

1. 模块化建筑单体设计思路

对项目而言，要想通过技术创新、变革传统建造方式满足快速建造的需求，就必须抓好设计环节，从设计源头入手，形成从设计、制造到施工的建造全链条技术最优组合。项目采用的模块化设计则是解决这一需求的关键。

与传统设计方式相比，模块化设计具有标准化、高效化和优质化的优势，是一种在考虑产品功能、外观和可靠性等的前提下，通过提高产品的可制造性和可装配性来降低成本、缩短工期和提高质量的产品设计方法。模块化建筑实现了设计、制造和组装三阶段的纵向拉通，有效地实现了"建造 + 制造"的最优集成，是指导新型建筑工业化的关键理念之一。

设计环节的核心工作是功能分区和酒店管理流程设计。本项目应用模块化设计方法，在建筑方案设计阶段，对各个功能空间进行分类汇总，同时针对不同的功能定制模数，同一功能空间采用统一模数进行设计，实现标准化、模块化的设计、生产、建造（图 1-36、图 1-37）。

单元模块的规格是根据模块化建筑的功能、建造场地与建造环境的适用条件、建筑使用空间的有效利用率、运输车辆的尺寸及载重级别、沿途经过的道路和桥梁的宽度及载重能力、吊装设备的吊装能力、施工安装条件等因素综合确定的。

模块化建筑的平面设计简洁、规则，模块划分形状规整，避免出现过多转角；当为了满足空间及功能要求，需要错动模块单元时，错动的尺寸为单个模块单元尺寸的整数倍，或依据模块内部实际的结构尺寸确定；一个功能区由多个模块组成时，功能区内的管线、设备、墙壁、门窗等不宜跨模块布置；同一功能区中应尽量减少布置的模块数量，以减少接口数量；楼梯间、电梯间、卫生间、厨房等具有特殊功能、管线密集的区域，宜采用独立模块单元；建筑平面设计时应考虑相邻模块单元构件和设备管线的连接构造。

图1-36 标准模块单元

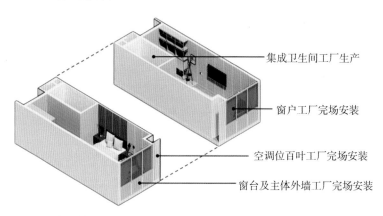

集成卫生间工厂生产

窗户工厂完场安装

空调位百叶工厂完场安装

窗台及主体外墙工厂完场安装

图1-37 标准模块单元构思

模块单元之间，以及模块单元与内部功能单元之间接口的构造设计，满足建筑的防火、防水、防潮、隔声等各项要求。

2. 平面布局

在酒店单体设计中，每栋楼均设计为独立的防疫隔离单元，在一楼大堂设置卫生通过区，按照洁净区、半污染区、污染区"三区两通道"布置，同时满足建筑功能分区及防疫流线要求。隔离人员通过污染区电梯到达隔离客房，服务人员经一更区、穿衣区、缓冲区入场服务，再通过缓冲区、脱衣区、淋浴区出场。

酒店内采用简明及高效的空间规划（图1-38、图1-39）：隔离客房平行地分布于酒店大楼外侧，两层中空玻璃窗充分地提高了进入客房内的自然阳光。病房中间区域为人员、物资通过区，以及服务用房和机电配套用房等，特别设置机器人房，使用机器人可避免服务人员与隔离人员直接接触。餐食和各种洁净物资供应全部从"服务出入口"的物资入口运入酒店内。而用过的物资、一般废物都暂存于"污染区"的暂存间，然后从污物电梯运出。

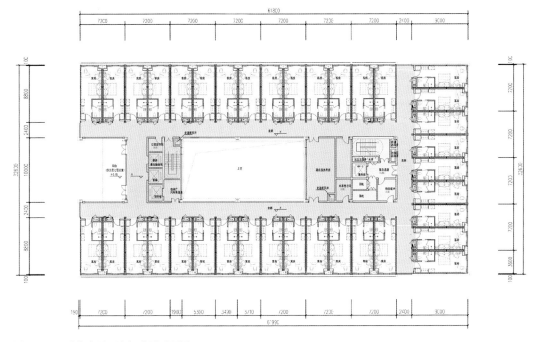

图 1-38 A 地块多层酒店标准层平面图

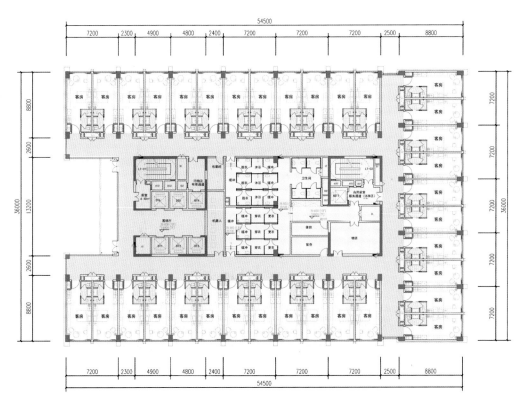

图 1-39 B 地块高层酒店标准层平面图

酒店内导引标识设计充分考虑酒店平急两用的属性，特殊时期专用的流线标识系统，采用投影灯或可替换模块的方式满足特殊时期的使用需求，避免后期拆卸损伤墙体；标识形象充分考虑住客体验，传达温暖舒适的宜居感受（图1-40）。

图1-40　人性化的标识形象

3. 立面设计

项目在立面设计上，结合酒店所处区位特点，融入蓝天、海洋、沙滩与阳光等元素特点，采用暖色、质感细腻的墙面，营造"现代典雅"的建筑风格，给隔离人员带来放松、温馨的度假感受。建筑形象以浅色为主，辅以温暖的木色系，呼应滨海建筑风格，建筑立面分为基座和上部两部分，立面元素采用轻盈简洁、富有变化的现代语言，通过墙面的虚实变化，打造高品质国际防疫酒店建筑集群。

建筑立面采用单元式幕墙做法，玻璃采用8+12A+8（毫米）中空钢化双超白Low-E玻璃（图1-41、图1-42）。每间客房采用窗台与窗户结合方式，将单元式幕墙与模块单元在工厂内连接，在保证隔离人员住宿安全的同时实现快速建造。

客房空调机位处，采用竖向格栅遮挡，抵消左右箱体不平整带来的视觉差；格栅设计为可开启的形式，以便于空调的更换及维修。

米黄色仿砂岩质感铝板
深灰色铝板
仿黄榉木铝格栅
浅灰色铝板
8+12A+8（毫米）中空钢化双超白Low-E玻璃

深灰色铝板
浅灰色铝板
8+12A+8（毫米）中空钢化双超白Low-E玻璃
仿黄榉木铝板

图1-41 A地块多层酒店建筑立面设计

8+12A+8（毫米）中空钢化双超白Low-E玻璃

仿橡木纹铝格栅
浅灰色铝板

仿欧洲米黄铝板

深灰色铝板
中灰色铝板
中灰色铝板
8+12A+8（毫米）中空钢化双超白Low-E玻璃

图1-42 B地块高层酒店建筑立面设计

4. 单间设计

酒店标准客房尺寸为开间3.6米，进深9米。酒店双人间、套间占比约10%，均置于酒店低楼层以便于服务管理。客房设计充分体现人文关怀（图1-43）：

（1）无阳台，窗的开启宽度小于15厘米。

（2）床头柜上方增加小阅读灯。

（3）尽量无玻璃，无尖角家具，无可搬动家具。

（4）采用极简家具，留出足够活动、锻炼的空间。整体设计风格素雅，打造舒适、愉悦、安全的生活空间，为了呈现品质和效果，在材料选型上，选择了更有纹理和质感，易清洁、易消毒的材料。酒店单元平急转换时可经过部分家具替换，转换为大学宿舍，每间可提供4个床位。

图 1-43　标准客房室内实景图

第四节 专项设计

1. 一体化幕墙及防水专项设计

项目分为南北两个地块：南地块主要为传统高层建筑，防水设计采用传统建筑防水做法。北地块建筑采用钢模块单元＋钢结构组合装配式建筑，单体建筑均为 7 层，建筑高度均小于 24 米，属于多层公共建筑，建筑功能为酒店宾馆，共设置"三道防线"的防水体系。第一道防线为钢模块自防水体系；第二道防线为钢模块间的防水体系；第三道防线为建筑整体外围护防水体系，包括金属屋面防水及单元式幕墙防水。

第一道防线——钢模块自防水体系：标准模块跨度较大，因此在长跨方向设置支撑与斜拉杆以加强模块整体刚度；模块楼板采用压型钢板混凝土组合楼板，顶板采用 2 毫米波纹板满焊以达到单个模块防水效果（图 1-44、图 1-45）。

第二道防线——钢模块间的防水体系。

第三道防线——建筑整体外围护防水体系：包括金属屋面防水及单元

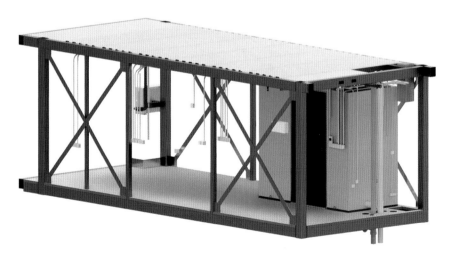

图 1-44 模块结构形式

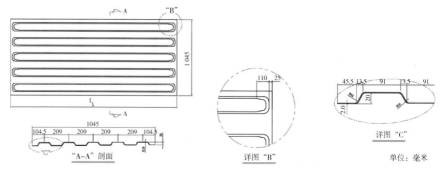

图 1-45　模块波纹顶板

式幕墙防水（图 1-46）。

  屋面防水等级设计为Ⅱ级，按Ⅰ级防水设防，采用金属板防水屋面＋防水涂料设防。

  屋面防水措施：① 屋面板板型的反毛细水措施（图 1-47）。水在重力作用下总是向下运动的，但是在某些特殊情况下也有例外。在两个物体之间，

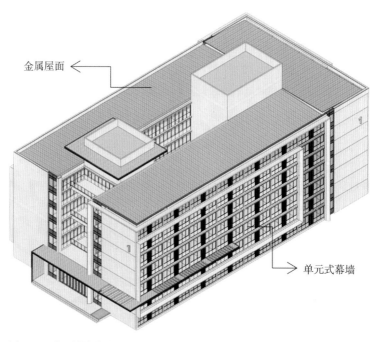

图 1-46　多层模块化建筑外围护形式

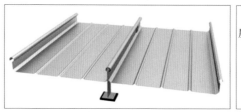
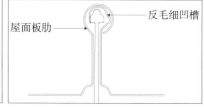

图 1-47　金属屋面板板型的反毛细水措施

如果物体表面的空隙较小，则水的表面张力大于重力，水在张力的作用下会向上运动，这就是通常所说的毛细现象。为防止雨水被风吹入横向搭接缝后在两块板之间形成毛细作用，屋面板的板肋设计了反毛细凹槽，即在小肋的侧部设置一个凹槽，使大肋与小肋之间存在一个空腔，减小了水的表面张力，从而阻止了毛细水向上运动渗入室内。

②防水抗风措施。天沟处屋面板的收口、咬合是防水的薄弱点，极易被强风撕裂，对该区域屋面板进行多次的收边咬合，先人工咬合，再机械咬合，确保此部位屋面板咬口紧密；对天沟檐口区域的檩条进行加密，以增加端部屋面板的整体抗风强度；抗风性能按风洞试验报告提供的风荷载取值及结构荷载规范的最不利值进行验算，满足风吸力作用下的抗风要求。

③出屋面管道防水处理。防水层收头应用金属箍箍紧，并用密封材料封严。

④防水系统交接收口处理，详见图1-48、图1-49。

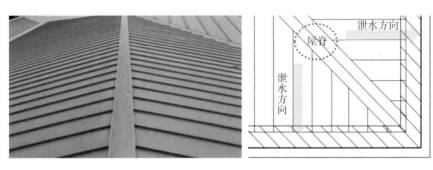

图1-48　金属屋面板交接形式

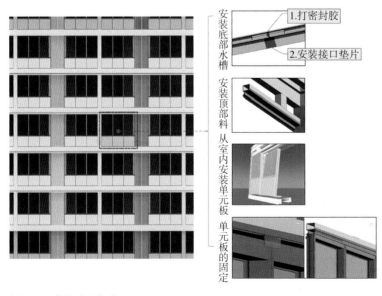

图1-49　幕墙设计体系

项目建筑外墙为单元式幕墙。建筑外墙渗漏水问题主要由三大因素造成，其一：有空隙存在；其二：有水存在；其三：有渗水裂缝的压力差存在。而外墙防止水渗漏的主要解决途径有：尽量减少空隙的存在；遮挡雨水，使之尽量不浸湿缝隙；减少被浸湿缝隙处的风压差。

项目外墙设计采用雨幕原理和等压原理。采用的防水工艺为每个板块上下左右插接，其单元板块通过插接型材相互咬合来传递荷载和密封，并且在插接型材上布置三道密封胶条，与插接型材紧密接触，使内部型材形成两个雨幕腔体，可以有效地阻止空气和雨水的进入。

单元式幕墙防水措施共有三道"密线"：第一道为尘密线；第二道为水密线；第三道为气密线。

尘密线可阻挡灰尘，同时抵挡大批量的雨水进入第一腔体。

当有少量雨水进入第一腔体，通过水密线进行隔离，防止雨水进入第二腔体。

气密线起到阻隔室内外空气流通的作用，同时完全阻隔微量雨水通过第二腔体进入室内。

单元式窗墙也设计了合理的排水路径（图 1-50）。排水工艺首先包括三道密封线：第一道对雨水进行阻挡；第二道对遗漏和部分冷凝的水进行阻止；第三道是将进入等压腔的水在专门通道的指引下，引流到幕墙的外部。同时，在企料设置两个空腔，外侧空腔的水可以直接排出，而流入内侧的水可以进入横料的空腔，由专门的管道进入下一层的竖料外腔，进而排出到幕墙的外部。等压腔及其他腔体的水在相关通道指引下排出。

单元式窗墙的大量排水路径（图 1-51）：大量的雨水通过单元横向批水胶条和纵向对接批水胶条形成雨幕，抵挡了 95% 以上的雨水，并顺着幕墙墙面依层排下。单元对接位置批水胶条有开口，形成空气流通。

单元式窗墙的少量排水路径（图 1-52）：阵风波动瞬间，内外压力不等，压力差形成气流，将少量水带入等压腔。在前端披水条单元交叉口位置开有排水孔，进入竖框的少量水顺着竖框内腔流下，落入上横梁等压腔 1。进入横向等压腔 1 的少量水，聚集往两侧分流，到中间位置通过胶条开口，可顺利地将少量水排到幕墙外部。

单元式窗墙的微量排水路径（图 1-53）：第一步为从等压腔 2 到等压腔 3；第二步为从等压腔 3 到下层等压腔 1（通过竖框前腔）；第三步为从下层等压腔 1 排到幕墙外部路径就同少量水排水路径。

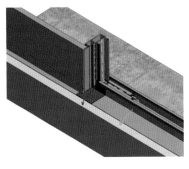
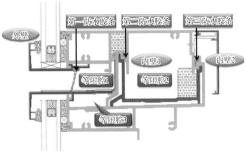

图 1-50　单元式窗墙的排水路径

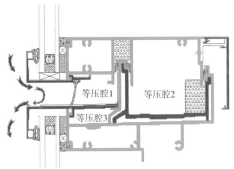

图 1-51　单元式窗墙的大量排水路径

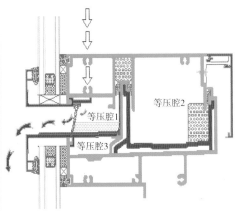

图 1-52　单元式窗墙的少量排水路径

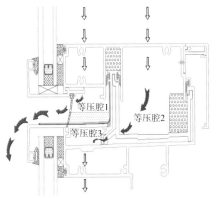

图 1-53　单元式窗墙的微量排水路径

2.泛光照明专项设计

深圳湾区生态国际酒店项目泛光照明的设计原则有以下6条（图1-54、图1-55）：

（1）在附近可以清楚看到建筑物立面细节的颜色和纹理，并且在远处也可以清楚地看到建筑物的体积和立面的灯光颜色；

图1-54　A地块泛光照明整体效果

图1-55　A地块单体建筑泛光照明效果

（2）根据建筑立面的特性并从不同的角度对其进行照明，以产生显著的三维效果，尤其是产生浅色的渐变效果；

（3）必须突出显示建筑物的外墙，使其与周围环境和周围环境形成对比，充分发挥周围环境的作用，同时从不同角度投射光线时要找出醒目的特征，并选择观看率较高的一面作为照明门面；

（4）根据建筑物外墙材料的光反射率确定所需的照度；

（5）在设计泛光照明时需注意不能"将物体淹没在灯海中"，通过在相邻区域中增加或减少照明或阴影，显示不同平面和对象组件的起伏轮廓，因此要把握好灯具的数量、位置和投射角度；

（6）为了控制好灯光的照射角度，项目在设计中使用单独的泛光灯组以相同的方向或从具有相反色调的两个方向投影，这两种效果均增强了建筑物的立体效果，同时，为了观察阴影和表面波动，照明方向与观察方向不同，并且这两个方向形成的角度设计为50°左右。

3. 垃圾处理专项设计

A地块西北侧设有专业垃圾焚烧站，用于处理医疗废物。焚烧站按照防疫要求进行设计，确保处理医疗废物的安全和卫生。B地块南侧的生活垃圾，例如厨房和餐厅的垃圾，被集中收集在B地块的东侧外围，然后通过排牙山路避开医疗废物的处理流线，最终被运往城市垃圾中转站。在B地块，医疗废物通过西侧道路从南向北依次收集，然后同样通过排牙山路从A地块的西南侧运输到垃圾焚烧站。而在A地块，医疗废物则是从东向西依次收集，并统一运往垃圾焚烧站进行处理。在垃圾焚烧站，医疗废物经过无害化处理后，剩余的炉渣会存放在炉渣暂存间（图1-56、图1-57）。清运公司会定期收取这些无害化的炉渣，并拍照上报，以确保所有的垃圾都得到适当的处理。

每间客房的门口均放置垃圾存放篮，并配备黄色塑料袋。垃圾袋经过消毒后，被封装起来，然后放置到楼层的垃圾收集桶中。当楼层垃圾打包好后，会被送至楼层的垃圾暂存间进行进一步的消毒和封口处理。酒店的首层设有一个集中垃圾暂存间，内部配备有紫外线消毒灯。楼层垃圾会统一被运送至首层的集中垃圾暂存间，最后被送至垃圾焚烧站进行进一步的处理（图1-58）。

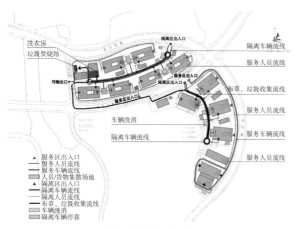

（a）整体室外流线设计

（b）垃圾焚烧站

图 1-56　项目垃圾处理设计

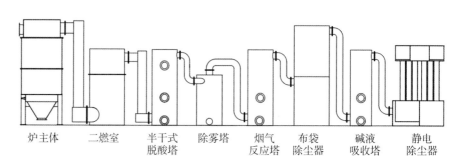

| 炉主体 | 二燃室 | 半干式
脱酸塔 | 除雾塔 | 烟气
反应塔 | 布袋
除尘器 | 碱液
吸收塔 | 静电
除尘器 |

图 1-57　垃圾焚烧流程图

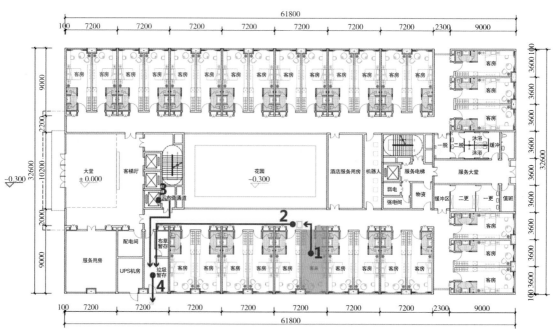

（a）多层酒店

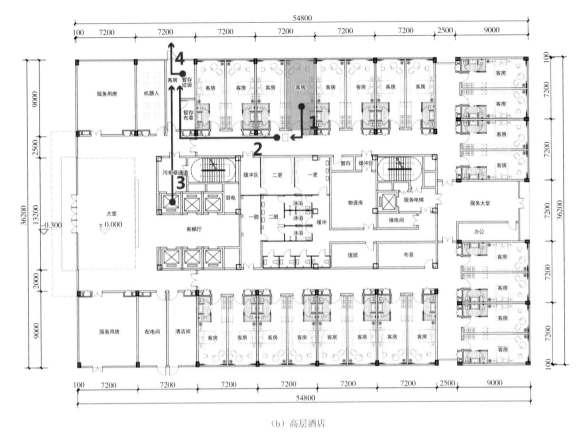

（b）高层酒店

图 1-58　酒店客房垃圾处理流线设计

4. 餐厨专项设计

A、B 两地块的餐饮由 B 地块南侧的厨房统一制作后，沿东侧一一被送至 B 地块各酒店。A 地块的餐饮从南门进入，然后分别向东西两侧的酒店进行分配。隔离客房的餐饮，则由服务人员从大堂入口送入，并暂时存放在服务用房中，经过消毒后，再按楼层进行分配。服务人员使用电梯将餐饮送至每层的服务用房中，再次进行消毒后，按照房间进行分配。最后由送餐机器人将餐饮送至每间客房的门口（图 1-59、图 1-60 ）。

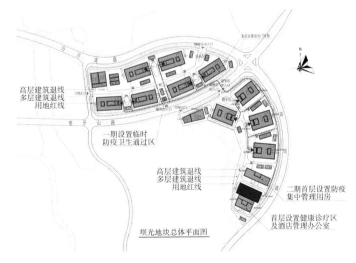

图 1-59　项目餐饮配送流线设计

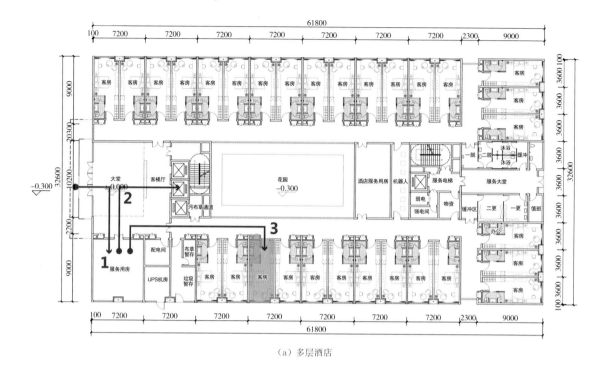

（a）多层酒店

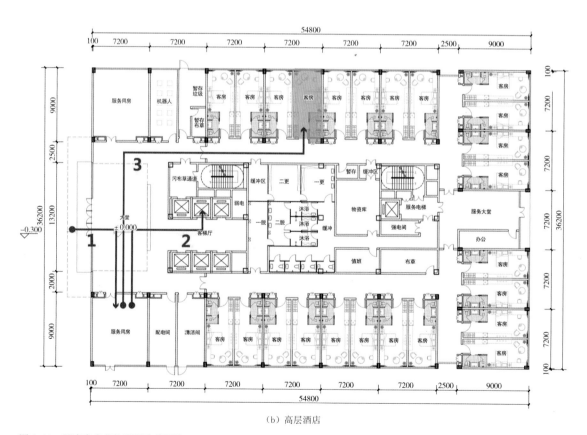

（b）高层酒店

图 1-60　酒店客房餐饮配送流线设计

5. 布草处理专项设计

在客房内，布草在经过 15 分钟的消毒处理后，被放置在黄色垃圾袋中并封口。这些袋子在楼层的暂存区域进行二次消毒处理后，再次封口并集中运送到首层的布草暂存通道。布草在通道里再次进行消毒处理并封口，然后被集中运送到位于 A 地块西北侧的洗衣房（图 1-61、图 1-62）。在洗衣房内，工作人员做好防护措施，包括戴口罩和手套，对布草进行集中清洗。

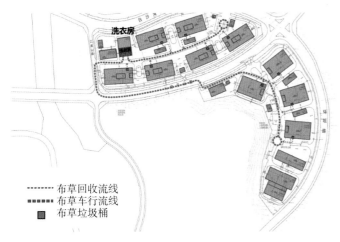

------ 布草回收流线
▄▄▄▄▄ 布草车行流线
■ 布草垃圾桶

图 1-61 项目布草处理流线

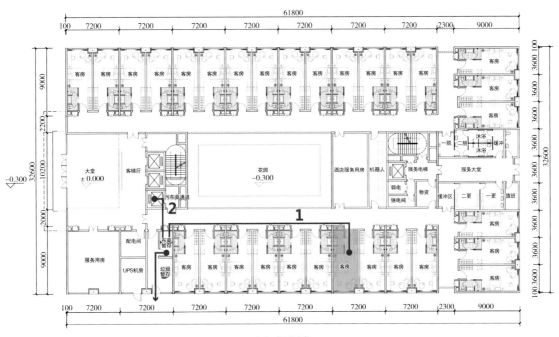

（a）多层酒店

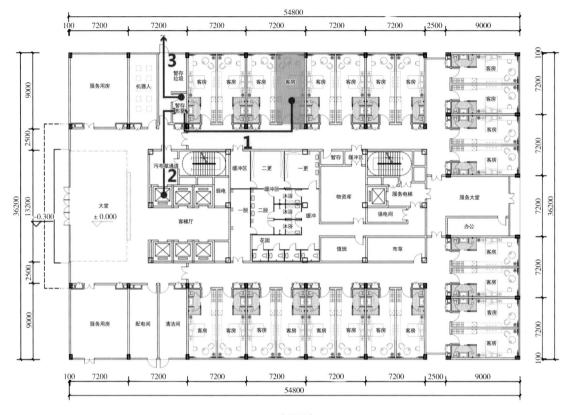

（b）高层酒店

图 1-62　酒店客房布草处理流线设计

第五节　防疫设计

　　建筑平面设计遵循防疫规定，每栋楼均作为独立的防疫隔离单位。一楼大堂处设有卫生通过区，而18层酒店则另外在第7层和第13层增加了卫生通过区。这些区域按照洁净区、半污染区、污染区和污染通道、洁净通道的"三区两通道"布局进行布置。同时，这种设计不仅满足了建筑功能分区的需求，也符合防火疏散的要求（图1-63）。

　　在规划过程中，充分考虑了城市的主导风向、视觉卫生、朝向和景观资源等因素，确保每栋建筑都能获得良好的室内外自然通风和采光，并拥有海景和山景视野。整体设计注重人性化，增加了酒店大堂与大巴落客区的连接通道，以引领积极健康的全方位住宿体验。将生活区组团和相关医疗设施设置在南地块的最南侧，以确保上风向和避免污染。北地块则安排了多层酒店组团，让游客坐享一线海景，并避免对南侧高层酒店的视线遮挡。18层酒店组团设置在场地南侧，享受着良好的山景和海景资源。而配套设备站房则位于两块地的西北侧下风向区域，确保洁污分区的合理性。

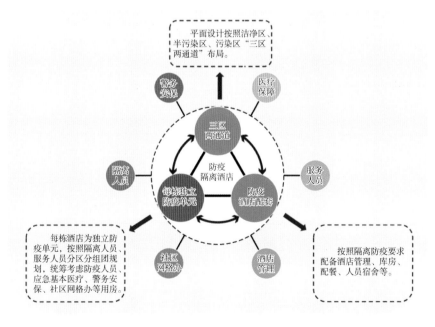

图1-63　防疫设计布局原则

总平面布局将人员流动分为隔离人员、服务人员和污物后勤人员流线三个独立流线（图1-64）。

A地块除7#楼首层为门诊外，其他楼栋均为酒店：标准酒店首层可提供12间工作人员住房；服务用房用作洁净区办公；污梯用作工作人员电梯；洁净区占用大堂公共卫生间。洁净区与潜在污染区分隔处设密闭门，火灾时可自动开启（图1-65）。

酒店2层可提供20间工作人员住房，洁净区与潜在污染区分隔处设密闭门，火灾时可自动开启（图1-66）。

B地块有4栋18层酒店：酒店首层可提供16间工作人员住房；服务用房用作洁净区办公；污梯用作工作人员电梯；洁净区占用大堂公共卫生间。洁净区与潜在污染区分隔处设密闭门，火灾时可自动开启（图1-67）。

2层可提供24间工作人员住房，服务用房用作洁净区办公。洁净区与潜在污染区分隔处设密闭门，火灾时可自动开启（图1-68）。

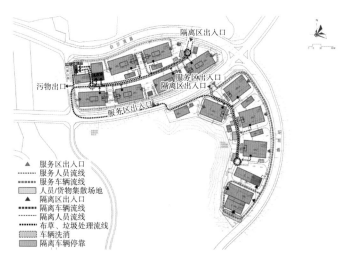

图1-64　总平面流线

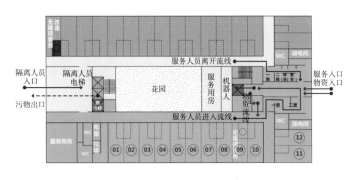

图1-65　A地块标准隔离酒店首层平面流线

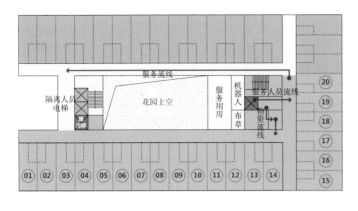

▨▨▨污染区　　▨▨▨隔离人员电梯
▨▨▨潜在污染区　▨▨▨服务人员电梯
▨▨▨洁净区　　　▨▨▨改造区域

图 1-66　A 地块标准隔离酒店二层平面流线

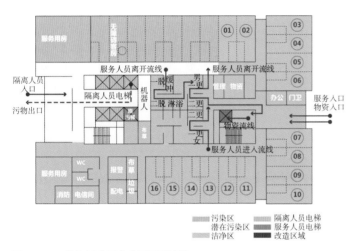

▨▨▨污染区　　▨▨▨隔离人员电梯
▨▨▨潜在污染区　▨▨▨服务人员电梯
▨▨▨洁净区　　　▨▨▨改造区域

图 1-67　B 地块标准酒店首层平面流线

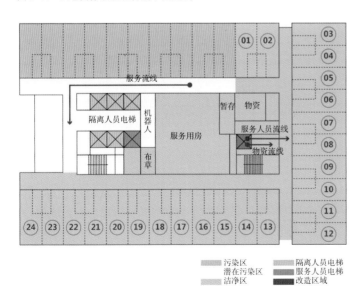

▨▨▨污染区　　▨▨▨隔离人员电梯
▨▨▨潜在污染区　▨▨▨服务人员电梯
▨▨▨洁净区　　　▨▨▨改造区域

图 1-68　B 地块标准酒店 2 层平面流线

在垃圾处理方面，每间客房都设置垃圾存放篮，并使用黄色塑料袋进行垃圾袋套。对于隔离人员的垃圾处理，工作人员首先将垃圾袋进行消毒并封装至楼层垃圾收集桶，然后将楼层垃圾桶打包送至首层垃圾暂存通道，最后集中将首层暂存外垃圾桶送至垃圾焚烧站。

入住客人布草处理的步骤：先在布草房间对客房布草进行 15 分钟的消毒处理，然后将其装入黄色垃圾袋并封口，存放在楼层临时存放处。接下来，在临时存放处进行二次消毒处理，并再次装入黄色垃圾袋并封口，集中运送到首层布草临时通道。最后，在首层布草临时通道处再进行一次消毒、封口处理，然后送至洗衣房。

入住人员由酒店统一提供餐饮服务。餐饮配送流程如下：餐食从大堂入口运送到首层服务用房，进行消毒处理后按照楼层进行分配。分配完毕后送至每层服务用房，再次消毒处理后按照房间进行分配。最后，由服务人员送至每个客房门口，进行最后一次消毒处理后敲门通知。

厨余垃圾由专业公司负责收集运输至指定位置集中处理，其他垃圾均按照医疗垃圾进行处理。每人每天产生的医疗垃圾量按 0.8 ～ 1 kg 计算，采用就地焚烧的方式处理，排放标准达到国家相关要求。为满足垃圾处理的需求，医疗垃圾处理站需要设置垃圾暂存区、转运区、炉渣暂存区等不同功能的区域，各区域的面积需要根据垃圾处理和焚烧的速度以及每天集中收集垃圾的频率进行计算确定。同时，根据相关规定，还需为各区域配置通风制冷设备和消毒等机电系统，以确保垃圾处理工作的顺利进行。

暖通设计在建筑应急功能中扮演着重要角色。暖通系统可以控制室内气流和空气净化，减少病毒和细菌的传播。通过合理设计通风系统，可以使得室内空气流通、新鲜，减少病毒的积聚。同时，采用空气净化设备可以进一步杀灭病毒和细菌，保护建筑物内人员的健康。具体设计要点如下：

遵循人流、物流的流向：在暖通设计中，需要遵循人流、物流的流向，即清洁净区、半污染区、污染区的流向，避免病毒和细菌的交叉感染。

合理安排送风口、排风口、回风口等的位置：在防疫暖通设计中，需要合理安排送风口、排风口、回风口等的位置，以确保气流从清洁净区→半污染区→污染区的有序流动，并最大限度地减少气流短路。

设置压差：为了防止病毒和细菌的传播，需要设置合理的压差，即不同污染等级的房间之间的压差值应符合要求，以避免污染空气进入清洁净区。

考虑空气过滤：在暖通设计中，需要考虑空气过滤，以最大限度地减少病毒和细菌的传播风险。

避免气流短路：在暖通设计中，需要避免气流短路，即送风口和排风口的位置应合理安排，以避免送排风相互干扰，造成病毒和细菌的交叉感染。

为避免病毒在酒店空气中的传播，污染区域排风管均设置在核心筒的污布草间、垃圾间，并设置加密阀门，不与房间构成关联系统，排风管通至屋面高空排放。送风采用压力梯度，在入口使空气由更衣区、穿防护服区向缓冲区单向流动，在出口由更衣区、淋浴区向脱防护服区单向流动。客房不设置新风，走道按10帕的压力差设置新风压力，客房按-5帕的压力差设置排风，新风由走道通过门缝隙渗入室内。空调系统客房采用分体空调，客房间不存在互相污染的情况。

酒店产生的医疗废水和客房空调冷凝水，需要单独收集和处理。对于医疗废水，使用一体化污水处理设备进行处理，并且污水处理池是完全封闭的，尾气被收集并消毒处理后才排放。而客房空调冷凝水则采用专用的排水管进行收集，污染区的冷凝水被间接排放到废水系统中，然后再进行统一的消毒处理。

在酒店的污染区和半污染区，设置了紫外杀菌灯或预留了相关插座，紫外杀菌灯采用专用的开关，并配有专用的标识。污染区和半污染区域选择不易积尘、易于擦拭的带封闭外罩的洁净灯具，灯具采用吸顶安装，并且其安装缝隙应采取可靠的密封措施。卫生缓冲区采用感应灯，这样可以减少人触摸开关被交叉感染的机会。公共区域则设置了智能照明系统，可以远程控制灯具，减少交叉感染。灯具开关面板的设置位置遵循低污染区控制高污染区、清洁净区控制污染区的原则（图1-69）。

酒店还配备了各种智能防疫机器人，例如无接触送餐机器人、脉冲氙灯杀菌机器人、垃圾回收机器人等（图1-70）。这些机器人为住客提供了全新、现代化的体验，让住客更加安心和舒适。

图 1-69　酒店污染区、半污染区的照明布置

图 1-70　酒店智能机器人

第二章 模块化集成建筑设计

第一节 面向制造和装配的设计（Design for Manufacture and Assembly，DfMA）理念

深圳湾区生态国际酒店项目采用技术创新来改革传统的建造方式，从而满足快速建造的需求。为了实现这一目标，必须抓住设计的核心环节，从设计源头上进行优化，形成从设计、制造到施工的全方位最优技术组合。而基于 DfMA 的模块化设计则是解决这一需求的关键所在。

模块化设计（Modular Design）指的是在分析一定范围的产品功能的基础上，划分并设计出一系列功能模块，通过选择和组合这些模块来构成不同产品，以满足不同需求的一种设计方法。模块化设计具有标准化、高效化和优质化的优势。

首先，标准化可以降低设计的难度，缩短设计的周期，同时减少单元的多样化。在生产过程中，模块化设计可以减少模具的数量，节约设计资源，避免重复设计和开发，从而降低成本。其次，高效化是模块化设计的另一个优势。整个设计工作可以分解为若干个设计系列，每个系列都有适合自己的专用模块。通过研究这些专用模块间的功能关联和空间互换性，根据设计对象特有的功能性质进行组合设计，能够实现统筹规划和集约设计，提高工作效率。最后，模块化设计还有优质化的特点。通过对基本模块进行精细化和精准化设计，可以提高基本模块的设计品质和质量，从而提升整个设计的品质和质量。

DfMA 则是在考虑产品功能、外观和可靠性等前提下，通过优化产品的可制造性和可装配性来降低成本、缩短工期和提高质量的产品设计方法。DfMA 方法实现了设计、制造和组装三阶段的纵向整合，为"建造 + 制造"的最优集成提供了有效支持，是推动新型建筑工业化的关键理念之一，模

块化集成建筑则是 DfMA 方法的极致应用。

深圳湾区生态国际酒店设计工作的核心在于合理地进行功能分区以及制定防疫隔离酒店管理流程。通过应用模块化设计理念，酒店被划分为多个功能模块，在此基础上进行独立尺度研究和结构设计，然后做排列组合，形成建筑的基本形态。同时，项目将 DfMA 理念与模块化集成建筑技术运用于酒店设计中，打破了传统的设计和建造模式，将结构、机电、装修和幕墙等各个专业进行一体化综合设计，大大提高了设计效率，从而压缩了建设周期。

第二节 模块化结构设计

1. 结构设计概况

深圳湾区生态国际酒店项目结构整体上按照永久建筑标准进行设计，能够在超出深圳市设防烈度 7 度的罕见地震下保持稳固不倒，同时能抵御 14 级的超强台风。项目 A 地块的主体结构由钢结构的模块单元、钢结构框架体系以及预制混凝土走廊板构成，楼层数为 7 层、建筑高度为 22.75 米，符合行业标准《轻型模块化钢结构组合房屋技术标准》（JGJ/T 466—2019）中叠箱 - 框架混合结构体系总层数不宜超过 8 层，总高度不应超过 24 米的规定。项目 B 地块为 4 栋 18 层酒店和 1 栋 18 层员工宿舍，单栋建筑总高度为 59.4 米，该区域采用钢框架结构，并引入屈曲约束支撑（Buckling Restrained Brace，BRB）提高结构的抗侧刚度。

2. 结构设计体系

深圳湾区生态国际酒店项目 A-1#~A-7# 单体采用钢框架 - 钢结构模块单元（图 2-1），B-1#~B-5# 单体采用矩形钢管混凝土柱 + 钢梁框架 +

图 2-1 多层酒店结构示意图

支撑结构体系，水平构件采用钢梁＋钢筋桁架楼承板。

3. 结构平面布置

深圳湾区生态国际酒店项目多层采用钢框架－钢结构模块单元，钢框架区域楼屋面采用钢筋桁架楼承板结构，模块单元区域采用压型钢板混凝土楼面。各楼层的结构平面布置如图2-2～图2-4所示。

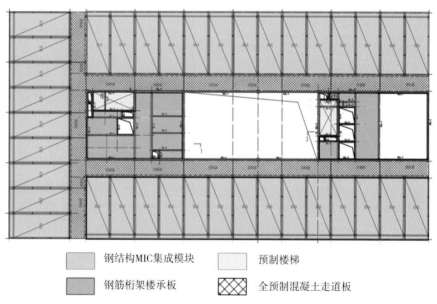

钢结构MIC集成模块　　　　预制楼梯

钢筋桁架楼承板　　　　全预制混凝土走道板

图2-2　A-1#～A-5#楼2层预制构件分布图

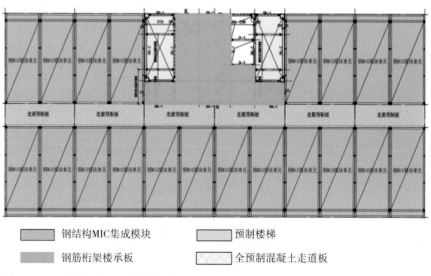

钢结构MIC集成模块　　　　预制楼梯

钢筋桁架楼承板　　　　全预制混凝土走道板

图2-3　A-7#南楼标准层预制构件分布图

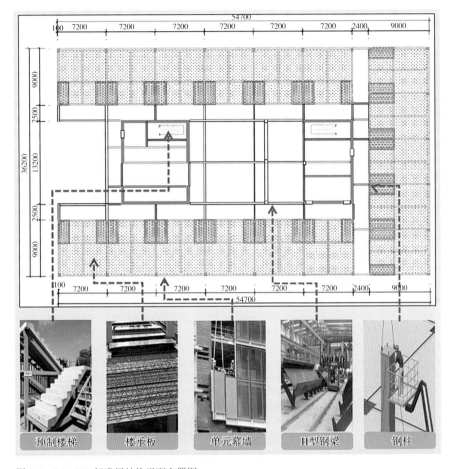

预制楼梯　楼承板　单元幕墙　H型钢梁　钢柱

图 2-4　B1#~B5# 标准层结构平面布置图

4. 客房模块单元结构设计

模块梁柱采用矩形钢管，材料采用 Q355 钢。模块内卫生间部分采用预留孔洞，放置整体卫生间。模块楼板采用压型钢板混凝土组合楼板，顶板采用波纹板，单个模块具有较好的自防水性能。模块长跨方向设置有 X 形柔性支撑以加强模块整体刚度，同时不占据建筑使用空间。

每个房间由一个模块单元箱体组成，箱体尺寸均为宽 3.58 米、长 9 米、高 3.23 米（图 2-5）。每层 37 个模块，因建筑首层有入口、大堂、服务用房、垃圾房、卫生间等，模块划分种类较多，箱体单元采用中建海龙模块单元编码体系，分别编号为 A1、A2、B1、C1、D1、D2、D3、E1、A1-M、A2-M、B1-M、C1-M、D1-M、D2-M、D3-M、E1-M，共计 16 种不同的模块单元。

图2-5　标准模块单元

　　隔离客房模块单元与基础短柱之间通过预埋连接板连接，预埋钢板提前预埋在基础短柱内。隔离客房模块单元之间采用中建海龙科技有限公司自主研发的可拆卸式螺杆套筒连接系统连接，连接板采用铸钢件，具有充足的强度（图2-6）。通过可拆卸式螺杆套筒连接系统连接大大加快了模块现场拼装的速度。

图2-6　模块单元的拼装

5. 钢结构框架设计

　　项目公共区域采用装配式钢框架结构，设计采用Q355的H型钢作为钢结构框架的梁和柱。钢结构柱与梁之间的连接采用栓焊混合连接，梁与柱之间为刚接；钢结构梁与梁之间的连接采用螺栓连接，梁与梁之间为铰接。

　　钢框架区域引入屈曲约束支撑（BRB）（图2-7），既能够提高结构的抗侧刚度，又能够大量地消耗输入结构的地震能量。根据结构整体的特点和罕遇地震下的结构分析结果，每栋楼共布置28根BRB，沿框架长度方向每层每侧布置1根BRB，沿框架宽度方向每层按"人"字形布置2根BRB。

图 2-7　屈曲约束支撑

中心钢框架区域楼板采用钢筋桁架楼承板，现场免支模、免支撑，快速浇筑成型（图2-8）。钢结构采用埋入式柱脚，钢柱插入基础短柱内，插入基础短柱部分焊上栓钉，采用灌浆料填实，通过后灌浆与基础短柱连接为整体，具有足够的强度和刚度（图2-9）。

图 2-8　钢框架区域楼板布置

图 2-9　钢框架区域柱脚布置

第三节　模块化机电设计

　　酒店客房区域电气、暖通、给排水与模块化集成建筑一体化设计，公共区域也基于DfMA理念采用标准化、综合化的设计思路。模块单元箱体内机电管线设备采用BIM技术与结构进行协同设计（图2-10），并同步进行管线综合、碰撞检查、净高分析，避免了管线设备间的"打架"，提高了设计效率和质量。

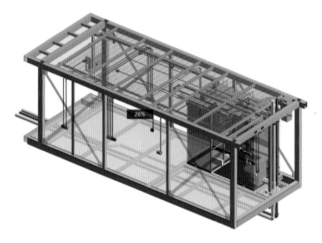

图2-10　基于BIM的机电设计

　　在公共区域部分，现场施工技术人员通过增强现实（Augmented Reality，AR）技术与BIM模型的结合施工（图2-11），在利用手机或外

图2-11　BIM+VR技术的应用

接摄像头扫描特定场景的二维码后，能够实现BIM模型（包含建筑、结构、机电模型）与施工现场的叠合。采用这种方式一方面能够帮助施工人员避免阅读复杂的图纸，转而观看实景模型保证公共区域电气桥架的正确安装，另一方面则能辅助质量管理人员对已完成工程进行精准验收。

1. 电气设计

酒店客房内的负压保障系统的各类设备（排气扇、新风机等）、应急医疗的相关设施、病房及走廊等处的消杀设施、污水处理设备、消防设备、数据保障及支持系统（弱电系统）、生活水泵、排水泵、电梯等用电须确保2路独立电源供电。一级负荷由两个电源提供电力，这两个电源在末端配电箱处进行切换供电。当一个电源发生故障时，另一个电源可以确保继续供电，避免电力供应中断。弱电系统的用电配置了不间断电源设备（Uninterruptible Power Supply，UPS）电源，具备超过15分钟的备电时间。为了防止并列运行，应急电源与正常电源之间采取了相应的措施。其他设备采用单路电源供电。除隔离病房外，配电箱宜设置于清洁净区，电气管井（设备间）应设置于清洁净区（图2-12）。为实现快速交付，均采用室外环网箱、室外箱式变电站、室外箱式静音型柴油发电机组。

标准单元内电气设备与管线宜在工厂安装，预留好和现场设备对接的接口，接口应标准化（图2-13）。对于格局一致的功能区，其配电及电气设备选型、管线安装应做到标准化。房间内部利用吊顶、装配式墙体内部空间布置管线，减少电气与结构施工的交叉作业。

客房内配电及电气设备、管线等设计满足配电系统标准化，配电箱、开关、插座、灯具等设备选型标准化，以及布线系统选型及安装标准化

图2-12　酒店室内负荷电源

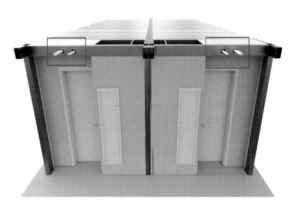

图2-13　客房预留标准化接口

（图 2-14）。

　　酒店的公共区域设计采用了"平急两用"的理念，酒店及宿舍的房间及走道等公共区域预留消毒装置供电电源，采用易于擦拭的带封闭外罩灯具，不得采用格栅灯具，灯具采用吸顶安装，其安装缝隙应采取可靠的密封措施（图 2-15）。公共区域可考虑设置感应式照明系统，减少触摸交叉感染，线槽及穿线管穿越污染区、半污染区及洁净区之间的界面时，隔墙缝隙及槽口、管口应采用不燃材料可靠密封，防止交叉感染。房内电气设备的所有管路、接线盒应采取可靠的密封措施。对于平急两用的设置，考虑到特殊时期结束后各场所功能的改变可能会导致用电量的变化，应尽量减少后期的拆改工作，因此低压柜应预留好适当的备用回路，电缆沟内预留空间，并预留足够的穿墙套管，以备将来的改造增容。为便于快速建造，对末端用电不设置计量系统。电井内提前预留空间供后期宿舍标准层电箱内电表的安装空间，以便于将来的改造。

图 2-14　客房电气设备开关标准

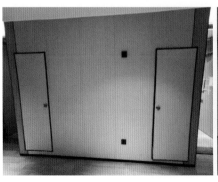

图 2-15　公共区域走廊插座设计

2. 给排水设计

项目的水源来自排牙山路的市政供水网络，市政供水网络的水压约为0.30兆帕。市政供水网络采用断流的防护措施，在引入管上设置倒流防止器。所有生活供水均采用水箱＋变频水泵的供水方式，在引入管上设置市政供水转换阀门，应急结束后，充分利用市政供水水压，1～3层转化为市政直供。应急期间A地块1～3层为加压一区，A地块4～7层则为加压二区。

在模块集成化设计方面，为满足快建要求，减少地盘施工工作量，给排水随标准模块在工厂里完成给水管道、排水管道及卫生器具的安装，并将给排水支管预留至模块自带的水管井处，待模块完成拼装后，进行管道的连接，给排水管道在工厂完成度达到90%。

在成品保护设计方面，为减少对已装修成品的人为破坏，模块内部的给排水管道均预留接口至水管井处，在水管井中进行上下层管道以及模块消防管道与公共区域消防管道的连接。以上工作均不需要工人进入模块内部即可完成，对成品模块无污染、无破坏。

为阻断病毒的传播途径，生活供水、生活热水、空调冷凝水排水以及生活污水排放均采取特殊措施。

为满足快速建设需求，采用集成卫生间，卫生间内给排水管道及卫生洁具随模块工程一体化安装。

在BIM可视化状态下，优化机电设备综合管线位置及标高，采用机电管线共用支吊架形式（图2-16），提高施工速度的同时，节约建设成本。

图2-16　机电管线共用支吊架

为切断病毒随热水管网扩散通道，同时满足快速建造需求，客房均采用分散热水供水方式，每个标准模块内设置分散式电热水器。其中，A区模块采用即热式电热水器，可最大限度减少热水器所占室内空间；B区在水管井中设置储热式电热水器，减少用电负荷（图2-17）。

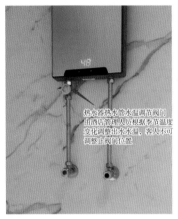

热水器热水管水温调节阀门由酒店管理人员根据季节温度变化调整出水水温，客人不可调整止阀门位置

图2-17　A区即热式电热水器与B区管井容积式电热水器

为满足模块化集成和防疫的需求，采用后排水马桶，洗手盆排水接入地漏存水弯，可补充地漏水封，保障水封不破坏，阻断病源沿着排水管道传播的途径；生活污水经收集后排入室外污水管网，再经污水处理并消毒达标后方可排入市政污水管网（图2-18、图2-19）；污水立管伸顶通气部分采用一体化消毒装置，废气经处理达标后排入大气。

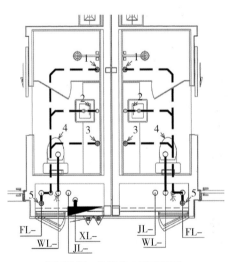

1.湿区地漏 2.洗脸盆 3.干区地漏
4.后排水马桶 5.管井地漏

图2-18　排水平面图

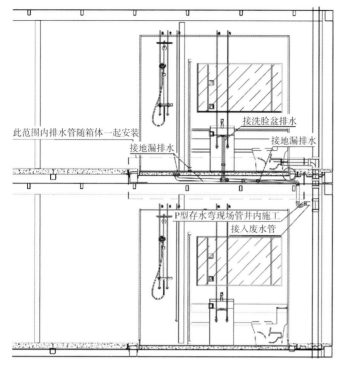

此范围内排水管随箱体一起安装

接洗脸盆排水

接地漏排水

接地漏排水

P型存水弯现场管井内施工

接入废水管

图 2-19　干、湿区地漏与面盆排水共用存水弯

为杜绝空气中的病毒随空调冷凝水传播，空调冷凝水需经收集后排入污水管网，并经污水处理消毒达标后排入市政污水管网。

屋面雨水管道系统设计重现期不小于 10 年暴雨强度、溢流设施和屋面雨水管网总排水能力不小于 50 年重现期的雨水量。本项目为防疫项目，雨水不回用。

污水管网在化粪池处设置自动消毒设施，采用次氯酸钠一体机自动加注消毒剂，污水管网在化粪池中的停留时间满足不小于 24 小时；污水处理站采用二级生化处理 + 强化消毒的处理方式，出水余氯含量满足生态、环保部门的相关要求（图 2-20、图 2-21）。

为满足一路市政供水需求，室内和室外消防用水均储存在消防水池中。对于室外消火栓，采取了临时加压供水方式。室外消火栓管网在室外布置成环状，消火栓的布置间距不超过 120 米，保护半径不超过 150 米，距离消防水泵接合器的距离在 15 ～ 40 米之间。

图 2-20　污水处理站

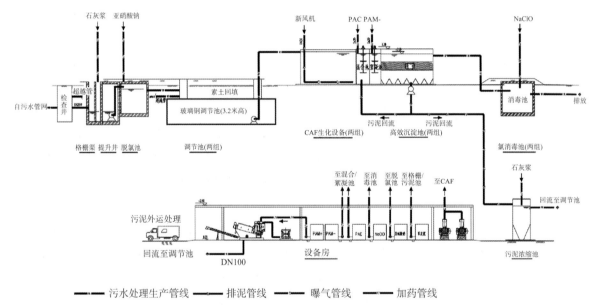

图 2-21　污水处理站工艺流程图

3. 暖通设计

通过合理的暖通设计，确保酒店内的空气流通、温度控制和污染物排放都达到最佳状态，同时还要考虑到成本、节能和环保等方面的因素。

设计时必须遵循以下原则：

安全性：暖通系统的设计应首先考虑安全性，确保空气流通，以防止病毒在密闭环境中传播。

舒适性：在安全性为首要考虑因素前提下，应同时考虑到人体的舒适感受，以提升隔离者的生活质量。

可控性：系统设计应便于操作和管理，以利于在特殊情况下快速调整。

经济性：在满足功能需求的同时，应尽可能降低成本，以利于防疫隔离酒店的可持续运营。

环保性：在设计中应考虑到节能和环保，使用环保型设备和材料，减少对环境的影响。

项目客房空调、通风系统按单间模块化设计，各房间相对独立，套房改造时无须调整空调通风系统。服务于客房的新风机组及排风机均采用变频机型，可实现由应急期间房间（微负压）向平时期间（微正压）的快速转换。酒店客房及公共区域的空调、通风系统均按照竖向高、中、低分区设置，既满足应急期间分区通风要求，又满足平时运营灵活使用的需求，在淡季时可仅启动一个或两个分区，节约能耗。客房设计兼顾多功能使用需求布置电气控制点位，实现后期单、双床无缝转换。

1）空调通风系统

（1）通风系统：控制各区域的空气压力梯度，使气流由清洁净区→缓冲区→走廊→客房→卫生间单向流动；不同清洁净区域的空调、通风系统独立设置，避免空气途径的交叉感染；多层酒店走廊设空调设施集中送新风，客房卫生间设机械排风屋顶排放；酒店走廊、客房均设集中送新风，客房卫生间设集中机械排风；空调新风设初效和中效过滤装置，经过热湿处理后送入室内；客房的新风及排风支管均设定风量阀及电动密闭阀（开关型）；客房走廊的新风支管设电动密闭阀（开关型）；设置新排风机集中监控管理系统。新风口远离排风口（或其他污染源）且新风口应在全年主要风向的上风侧，从而保证新风的清洁及不受病毒污染；卫生通过区设置空气消毒机；其他区域预留插座，根据风险等级设置壁挂式空气消毒机。

（2）新风系统：设置多联机组变频新风机，满足人均新风量要求，并控制各区域的空气压力梯度，使气流由清洁净区→缓冲区→走廊→客房→客房卫生间单向流动。新风应经过初、中效过滤和空气杀菌设施处理后送风室内，客房卫生间空气为负压状态（图2-22）。

（3）空调系统：空调冷负荷经采用天正暖通软件进行空调负荷计算，按逐项逐时冷负荷计算，在满足业主使用需求的情况下，经详尽论证，根据本工程的建筑平面布置和功能划分，从舒适安全、可靠及灵活，以及使用、实施、管理、计费及业主要求等方面综合考虑：空调系统采用变制冷剂流量多联空调＋分体空调。卫生通过区空调的冷凝水集中收集，排入污水处理设施统一处理，冷凝水接总管处设置防污染水封，防止冷凝水逆流造成污染。

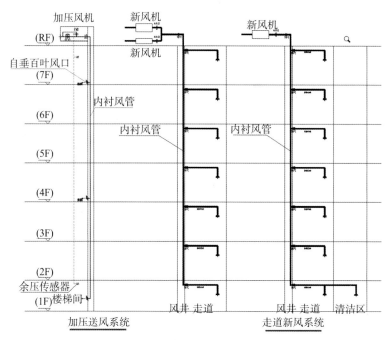

图 2-22　加压送风系统和走道新风系统设计

从平急两用角度出发，为方便后期改造，每间客房自带管井，为竖向管道连接及后期拆改提供方便。

2）防烟排烟系统

除了核心筒一侧封闭楼梯间采用加压送风外，其余区域均采用自然排烟方式，内走道采用自然排烟，由于走道及两侧房间均能满足自然排烟要求，走道设置有效面积不小于走道建筑面积 2% 的自然排烟窗，走道自然排烟窗可设置在室内净高 1/2 处以上，所有可开启的高窗均在距地 1.50 米处设置手动开启装置。

3）通风系统

酒店采用了独立的客房排风设计，每个房间的排风系统都是单独的，互不连接。排风管道并不串联或并联在一起，以避免排风系统的相互干扰。建筑墙体上未开设洞口，使得整个建筑的结构更为完整。为了防止污染，排风系统均设在布草间和垃圾间，并加装了加密阀门，确保空气不会流通到其他房间。排风管道则通向屋顶，将空气高空排放，避免了排放的空气对周围环境产生影响。

通过采用压力梯度送风技术为卫生通过区设置了机械通风系统，从而控制该区域的压力梯度。入口的设计促使空气由更衣和穿防护服的位置单向流向缓冲区；出口则由更衣和淋浴位置单向流向脱防护服区域。脱防护服房间每小时的排风换气次数不少于 20 次，室内排风口设置在房间的下部，而室外排出口则安装了高效过滤装置以及紫外线（Ultraviolet，UV）杀菌灯进行过滤杀菌后再进行排放（图2-23）。

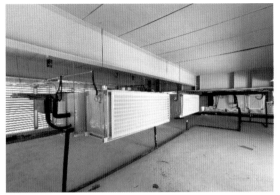

图2-23　防烟排烟和通风设计

为了客房的舒适度和卫生，酒店未设置新风系统。但为走道设置了10帕的压力差以引入新风，而客房则采用了-5帕的压力差来进行排风。新风通过走道上的门缝悄然渗入室内，确保了空气的流通。客房采用了分体空调，这样可以防止客房间的空气互相污染，同时也不会影响到建筑的结构施工。公共区域则采用了多联机空调（图2-24），冷凝水被集中收集后排出。公共区域空调的冷凝水经过特殊处理，不会对环境造成任何影响。

图2-24　客房分体空调，公共区域多联机空调

4）支吊架系统

在公共区域走廊的防排烟风道、通风风道及相关设备采用抗震支吊架（图2-25），提高地震作用下的安全性。抗震支吊架与混凝土预制楼板通过锚栓连接，屋顶风机箱和空调箱采用悬吊安装（图2-26）。

公共走廊区域电气、给排水、暖通专业共用吊架，分层布置管线。采用成品吊架，工厂完成施工，减少现场工作量。

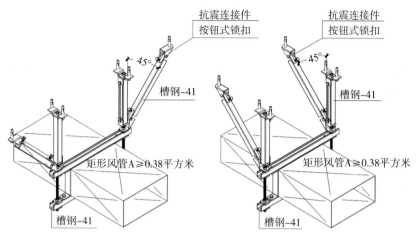

图 2-25　公共区域走廊抗震支吊架设计

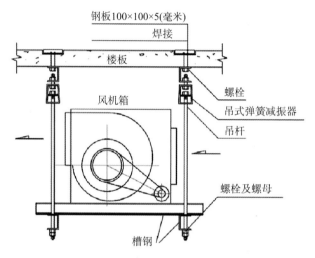

图 2-26　屋顶设备支吊架设计

5）节能设计

项目严格执行国家相关节能规范，从建筑设计上满足建筑的保温隔热性能达到节能要求指标。多联式空调（热泵）机组及新风机组能效比符合《广东省公共建筑节能设计标准》（DBJ 15-51—2020）的要求。各功能房间具备温度独立控制功能，以利节能。项目各空调风机均选用节能低噪声设备。

6）平急转换

（1）新风系统：应急期间，通过合理的隔断，可消除空气通风串联污染风险，平时使用时，只需按原土建设计原则启闭相应设备，将原有封闭新风口、新风密闭阀及关闭的新风机重新开启，并将原有风管断开处的封堵取消并重新连接，即可满足使用需要。

（2）排风系统：平时使用时只需将 A-6# 楼污布草通道和垃圾暂存间关闭的排风密闭阀重新开启即可满足需要；B-1#~ B-4# 楼只需将二层布草间的排风口封堵和一至二层各清洁净区的客房卫生间关闭的排风密闭阀重新开启即可满足需要。

（3）空调系统：应急期间，各房间空调系统独立，客房与公共区域之间的空调系统独立，清洁净区与潜在污染区空调系统独立，亦可满足平时楼宇做其他功能使用时需要。

第四节 模块化内装设计

1. 设计理念

  酒店的内饰设计以迅捷建造为核心，以满足平时和急时快速转换的功能需求为大前提，同时注重兼备实用性和美观性。在开始精装修和机电设备深化设计的过程中，项目首先根据建筑使用功能、装修标准和部品部件品质等要求，明确项目的定位，进行项目技术规划，制订整体装修方案，制订科学、合理且可行的技术路线，以实现设计标准化、生产工业化、施工装配化、装修一体化和管理信息化等目标。

  酒店内饰设计的整体理念秉承"以人为本""绿色环保"以及"平急两用"的原则（图2-27），在选材方面，项目遵循安装便捷、快速周转以及方便替换等原则，以实现最优的品质和风格设计。在装修风格和配色方面，汲取现代欧式和新装饰主义的精华，为住客营造一个低调、高雅且现代的居住环境。

（a）大堂登记处

（b）电梯前室

（c）酒店标准客房

（d）卫生间

图2-27 "以人为本""绿色低碳"和"平急两用"的内装设计

2. 室内布局

　　酒店客房采用标准化的设计方案，以大床房为基础单元，并设计了大床房、双床房和套房三种房型供客人选择（图 2-28）。更值得一提的是，针对这些不同的房型，空间装饰的部分部件采用了模数化的规划设计。这一创新的设计理念极大地简化了工厂装修的施工流程和管理程序，同时也显著地提高了工作效率。

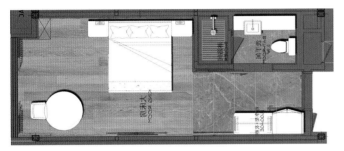

（a）大床房平面布置图

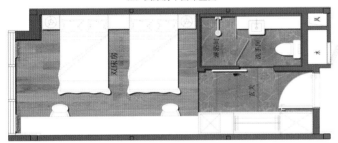

（b）双床房平面布置图

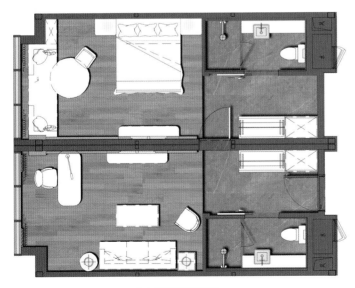

（c）套间平面布置图

图 2-28　不同房型的标准化设计

根据项目需求，划分出大床房、双床房、套房等不同房型，但在装修设计过程中，通过统筹建筑设计模数提高通用性，采用了标准化的构造节点及统一的连接方式。

1）装修设计标准化

在前期策划阶段，装修提前介入，与建筑设计同步进行，设计过程中与建筑、结构、机电各专业相互协调、配合，按照现行国家标准《建筑模数协调标准》（GB/T 50002—2013）和《工业化住宅尺寸协调标准》（JGJ／T 445—2018）的规定要求，对项目进行装配式装修的统筹与设计。

2）设计标准化

客房与公共区域的装饰组件采用了标准化设计（图2-29），以简化规格并增加组合的多样性。同时，考虑到结构材料的变形和施工误差的影响，酒店对装修要求进行了详细的排版设计。在模数协调的基础上优化尺寸和种类，形成了标准模数形式，统一进行加工制造，以提高组件的通用性，并降低材料消耗。

3）部品部件标准化

遵循少规格、多组合的原则，根据装修方案确定部品部件尺寸、部件公差尺寸、容错尺寸，同时考虑结构材料变形和施工误差的影响，根据模块单元尺寸，按装修要求进行排版设计，在模数协调的基础上优化尺寸及种类，形成标准模数形式，统一加工制造，提高部品部件的通用性及降低材料消耗。如为了快速建造及干法施工，选用了整体卫生间、轻钢龙骨隔墙等标准部品，以及墙体和天花高耐板、轻钢龙骨、护墙板、蜂窝铝板等部件。

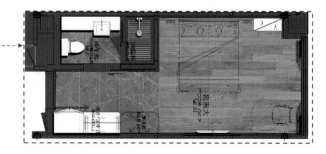

图2-29 客房的标准化设计

3.卫生间设计

客房采用了集成卫生间和轻钢龙骨隔墙等标准组件，并采用了工厂产业化的装修方式。这种装修方式基于主体、管线和内装的分离理念，实现了高品质、绿色低碳的装修效果。

集成卫生间则采用整体一次性集成制作，具有优越的防水密封性能。墙面选用仿石材效果的彩钢板，易于安装、质轻且整体防水性能好。同时，卫生间采用同层排水系统，更利于降噪及维护使用。卫生间的出入口则采用墙体内嵌隐藏门的设计，既美观又节省空间，但需要较高的施工工艺和结构牢固性要求（图2-30）。通过工厂化预制，有效地提高了墙体内嵌隐藏门的生产效率，并保障了生产质量。

轻钢复合墙体主要由龙骨、集成墙板、高耐板、岩棉等材料组成。通过不同材料的组合，可以调整墙体的热工指标、耐火极限和隔声性能。部分轻钢复合墙体由两层龙骨体系构成，当声音到达两层龙骨之间的空腔时，会在空腔内来回反射和衰减，从而产生更好的隔音效果。

（a）设计模型　　　　　　　　　（b）产品成品

（c）内部装修实景

图2-30　集成卫生间

4. 装修材料

客房的地板采用瓷砖和橡木地板，为住客提供更加舒适的环境和良好的隔音效果。公共区域走廊则采用更易清理的地胶，确保清洁和消毒工作的方便与快捷。客房的天花采用工厂预制的综合天花，从而减少现场作业量。公共区域走廊需要在现场进行天花管线的排布，但整体上满足了管线分离的要求。

在选择装饰材料和家具材质时，需要充分考虑酒店和防疫隔离单元对室内声音、光线、热度和空气质量的需求。为了满足这些要求，酒店选用了绿色环保、耐毒、耐腐蚀的材料，以便减轻定期消毒对饰面的影响，并防止有害物质的产生。在此基础上，优先确保了使用功能。对于客房的设计进行了优化，通过不同材质的组合和色彩的搭配，打造出高雅、舒适的居住空间（图2-31、图2-32）。

客房墙面选择硅酸钙板基层聚丙烯（PP）膜面层的集成墙板，公共区域选用中晶板，观感、质感得以保障。固装柜及入户门选择了免漆覆膜材料，减少木饰面油漆工序，以节约成本和缩减生产工期。

客房玄关处地面及防火要求高区域使用柔光地砖，客房及公共区域地面使用地胶，便于清洁、消毒，同时对成本比较好控制，施工速度快。

天花使用可耐福高耐板，这是一种高强度、高密度的石膏板，涂料可以直接在这种材料面层实施，减少腻子这道工序，既能让天花显得更整体，又能减少湿作业，从而达到在保证效果的前提下控制成本和施工周期。

图2-31　人性化防疫设计的客房

高耐板
布纹集成墙板
木纹集成墙板
地砖
复合木地板
金属

（a）客房选材

彩钢板
木纹膜彩钢板
石纹膜彩钢板
银镜

人造石
清玻璃
石材
防滑瓷砖

（b）卫生间选材

木纹集成墙板2.6米高
蜂窝铝板2.5米高

木纹集成墙板
布纹集成墙板

亚黑金属踢脚
布纹集成墙板

地胶板

（c）公共走廊选材

图 2-32 绿色低碳的装修选材

5. 装修构造装配化设计

为了实现更快速施工及干湿分离的装配理念，以工厂化部品部件应用为基础，全面采用施工干作业，装修高精度、高效率、高品质。

在 A 区多层客房中，中建海龙科技有限公司发挥了在混凝土预制件方面的技术优势，自主研发了整体混凝土防水底盘，整体一次性集成制作，防水密封可靠度达到 100%，可变模具可快速制作各种尺寸的部品，可做到量身定做，契合度高，实现模块化集成建筑配套产品的自主研发及生产，完善了模块化集成建筑部品的供应链。

凭借着标准的部件，现场安装时仅需凭借一把螺丝刀即可完成整体卫生间的装配，极大地提升了生产效率，为模块化集成建筑降本增效、低患高质的发展模式提供了有力保障。同时，整体卫生间采用同层排水系统，更利于降噪及维护。

1）轻钢隔墙部品

项目的轻钢龙骨隔墙采用了宽度为 1220 毫米的基本模数，与高耐板规格相一致，通用互换性强，工厂流水化制作程度高。部品与模块单元结构之间由传统的串联施工转变为各工种交叉并行的施工方式，结构与装修同步进行，待结构完成后，墙体能以部品组装的形式快速完成（图 2-33）。

2）干式工法楼地面

项目楼面采用预制楼板或钢筋桁架楼承板，钢筋桁架楼承板采用混凝土一次成型。地面饰面装修大部分采用锁扣式木地板，或地胶，或薄贴地砖的做法（图 2-34）。

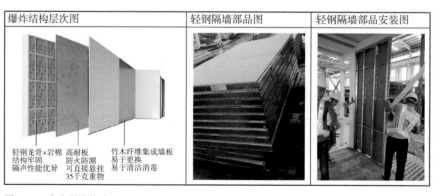

图 2-33　客房隔墙构造

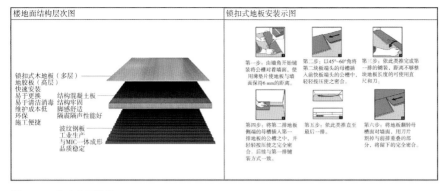

图 2-34　客房地面构造

3）墙体、管线及装修一体化

项目所有室内隔墙采用轻钢龙骨体系，饰面板采用集成墙板、全干法墙体工艺，龙骨采用 S550+AZ150 高强高锌层冷轧带钢，截面形式为单肢或双肢组合结构抵抗风压。同时利用龙骨空腔，填充岩棉，起到防火、隔音、保温的功能，龙骨空腔同时作为水电管线的通道。本项目中，机电管线主要敷设在吊顶及部品轻钢龙骨墙体的空腔内，不占用多余的空间，面板、线盒及配电箱等与墙体部品集成设计，符合装配式建筑评价标准"管线分离"的设计理念（图 2-35）。

图 2-35　机电管线一体化

6. 装修设计亮点

项目采用了钢结构框架结构、预制钢结构模块单元箱体、钢结构模块单元预制楼梯、轻钢龙骨内外隔墙等高创新的体系。箱体单元结构及室内外装修都在工厂里加工生产完成，模块运输到现场只需拼装即可，大大缩减了工期，减少了现场污染。项目设计中，内装作为模块化集成建筑产品装饰的一环，将快速建造的理念贯穿整个过程显得更为重要，设计、材料、工艺、标准化、规范等均需符合要求。从内装设计、电气设计、暖通设计、给排水设计、建筑设计每一个环节，都高度集成一体化施工，严格的设计标准为精细化施工流程和产品质量保驾护航。

项目的装修从设计至施工，最大的亮点是完全符合装配式装修的"绿色生态、可持续发展、以人为本、快速建造"的理念。这使得相较于传统装修来说，施工工期大幅度地缩减，同时90%以上的工厂完工率是节能减材、增效降本的关键，也是建筑产业工转型升级发展必然举措。

第三章 模块化生产运输安装重点与难点

第一节 项目难点

深圳湾区生态国际酒店建设工期短，建设任务重，项目工期只有 4 个多月，建筑结构内部内装任务十分烦琐。因此在生产中对质量问题的把控变得相对困难，这也是项目的一大挑战。

在实际工程中，运输模块单元是重要的一环，必须保证模块单元在运输过程中的质量安全。项目 B 地块所在地条件复杂，场地狭窄，交通极其不便，严重影响施工的组织。项目周边环境复杂，配套薄弱，附近没有停车场，前期大量私家车违停，对项目的正常进展造成严重影响，给模块单元的运输带来了困难。此外，项目现场需要运输足够的模块单元作为施工储备，以保证项目吊装施工的及时性。施工现场情况复杂，同时模块单元重量较大，最大重量可达 20 吨，这些都对项目的吊装施工构成了一定的挑战。

针对相关问题，深圳湾区生态国际酒店项目采用了模块一体化生产技术。模块一体化生产技术是一种先进的生产方式，在模块单元生产中运用了模块化的生产方式，将产品按照功能原则重新聚合，被分解成独立的模块，这些模块可以在不同的专业化生产工厂中被独立地设计、制造。产品的多变性与零部件标准化有效结合，可以实现规模经济，降低成本，满足业主的个性化需求。通过模块化设计、模块化制造、模块化装配，实现了产品的标准化、通用化，提高了生产效率和质量。

模块一体化生产技术的核心在于将生产过程进行模块化的管理，通过对不同模块的优化和改进，实现生产技术的提升和进步。在生产过程中，模块一体化工程生产的重点主要集中于结构装饰一体化集成技术、标准化生产管理及分布式生产协同。在运输安装模块单元时，项目则采用了模块单元运输管理与模块单元吊装技术。

第二节 模块化生产技术

1. 结构装饰一体化集成技术

结构装饰一体化集成技术旨在将建筑的结构和装饰元素巧妙地结合在一起，以达到美观、实用、节能和环保的效果，要求在建筑设计阶段就将建筑的结构和装饰元素作为一个整体来考虑。通过整体性设计，可以确保建筑的结构和外观在视觉上和功能上都达到最佳效果。结构装饰一体化集成技术通常采用预制装配式施工方法，即将建筑的结构和装饰元素在工厂中预先制作好，然后在施工现场进行装配（图3-1）。这种方法可以提高施工效率、降低成本、减少对环境的影响。结构装饰一体化集成技术常使用高性能材料，如铝合金、不锈钢、玻璃等，制造建筑的结构和装饰元素。这些材料不仅美观耐用，而且具有防火、防水、防震等优点。

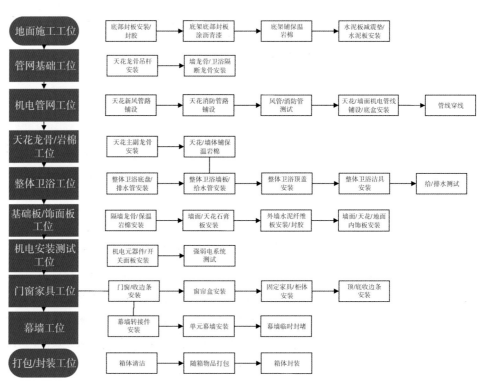

图3-1 模块单元一体化精装修步骤

结构装饰一体化装潢施工主要分为六个大施工分区，包括天花、地面、墙板、门窗、集成卫浴和幕墙，其中南北两面、露台部位和内庭玻璃单元板块及层间保温岩棉、防水背板材料在箱体制作厂内进行安装，现场仅完成收边收口及其他一些细节处理工作，保证质量并提高效率。通过预制装配的方式，整体内部装修在工厂的完成率可以达到 90% 以上，大大减少了现场施工的工作量。

中建海龙科技有限公司珠海基地的预制复合墙体分装线（图 3-2）通过标准化、一体化的集成技术，采用自动打钉机将螺丝钉拧入石膏板和龙骨中固定，每 2.5 分钟就可以生产一块墙板，有效提高了装修的质量和效率。

图 3-2 预制复合墙体分装线

2. 标准化生产管理

生产管理标准化的主要目的是加强标准化工作的管理，促进生产质量的提高，它确保了安全生产标准化的持续有效运行，以及安全生产工作目标的全面完成。

为实现生产管理标准化，项目在工厂生产阶段共设置了四道质检防线：首先设计院派遣每个专业的一名设计师，通过亲自参与和监控生产过程，可以确保产品的质量和设计的一致性，并联合各个工厂本身的质检人员，组成第一道质检防线。中海监理有限公司和重庆赛迪工程咨询有限公司驻厂人员组成第二、三道质检防线，进一步增强了质量控制的力度。此外，第三方检测机构深圳瑞捷工程咨询有限公司，扮演质量巡检员的角色，作为第四道质检防线，负责定期对产品进行抽查或全面检测，提供独立、客观的质量评估报告。

工厂自身采用四级质量管理组织架构（图3-3），其中项目经理全面负责项目的进度、成本、质量、安全的协调；质量经理全面负责项目的质量管理和质量控制的协调；原材料质量主管负责钢材、装修材料等原材料的质量控制；钢结构质量主管负责钢箱各工序，包含钢筋混凝土的质量控制；装修质量主管负责建筑装饰装修各工序的质量控制；水电暖通质量主管负责机电质量控制，包括暖通、消防各专业的质量控制；工程资料员负责工程从原材料到模块交付过程中的项目资料收集。各个环节的检验员对各环节生产质量进行不定期抽查。

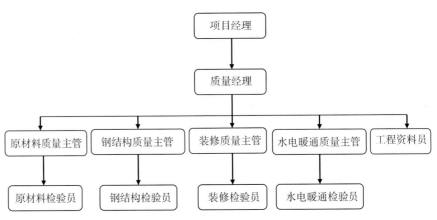

图3-3 四级质量管理组织架构

为了严格控制工程质量，项目采用"三检制"和"三级检查制度"相结合的方式来确保项目质量。"三检制"包括班组的自我检查、管理者与其他工序操作者的相互检查以及质量员的专门检查，目标是保证分项工程的质量达到预期。另外，"三级检查制度"涵盖了分包的自我检查、总包的复查以及监理的最终验收检查，这种多层次的检查制度能够进一步确保分项工程的施工质量，并持续提升整体项目的施工水平。

模块单元钢结构的工艺标准涵盖了33个质量控制项目，包括箱体的长宽高尺寸、对角线差异、平面度、直线度、垂直度等。模块化集成建筑机电的工艺标准则包括73个质量控制项目，如布线、室内外电气安装和给排水安装等。另外，模块化集成建筑装修的工艺标准则涉及88个质量控制项目，如轻钢龙骨、卫生间隔墙龙骨、防火岩棉和石膏板等。项目精心设计了质量检测表格，对各环节工艺进行质量检测，以实现无遗漏、全备案和可追溯的控制效果。

项目建立样板引路制度，即在进行每一个分项工程生产之前，需首先完成一套具有代表性的样板。通过控制样板的质量和制造流程，更好地了解工程项目的整体质量要求。经过仔细的检查、评估和审核，可以确定具

图 3-4　模块单元工艺质量检测

上篇　技术篇　》　第三章　模块化生产运输安装重点与难点

体的改进措施，并将样板的卓越水平作为其他部分应达到的标杆。此后，项目不断优化监督检查过程，并持续研究改进的方法，以提高整体质量水平。

在生产阶段，项目建立了一项质量会诊制度，并为此组建了一个专门的装修和其他分项工程质量评估小组。评估小组对每个已完成的施工段进行质量评估和总结，并把结果填入装修和安装质量会诊表中。此表详细地记录每种质量超差点的数量，并对产生这些问题的原因进行深入的分析和说明。此外，为了进一步改善质量，质量会诊小组成员需在每周的质量例会上对上一周发现的主要问题进行有针对性的分析和总结，并提出相应的解决措施，确保下一周不再出现同样的问题。同时，工程部对各层同一分项工程质量问题进行统计和分析。通过制作统计分析图表，可以更直观地了解问题的发展趋势，以便更好地解决常见的质量问题。

项目现场实行了挂牌施工管理制度，明确标明了每个小组负责的施工区域。一旦现场管理人员发现某段施工的质量有问题，可以立即根据标牌找到相应的操作人员，及时提出整改要求。此外，现场还悬挂了施工交底标识，将施工操作顺序和工艺标准直接向工人交底，使工人在操作过程中可以随时对照交底内容，以确保施工的标准和质量。

项目生产过程中各工种之间存在频繁的交叉作业，容易导致成品和半成品遭受二次污染、损坏或丢失，从而影响工程进度并增加额外费用。因此，项目组制定了一系列的成品保护制度和标签制度，并专门设立了负责成品保护工作的专员。在施工期间，对于容易受到污染或破坏的成品和半成品，必须进行特别的标识和防护。由专门的负责人进行定期巡视和检查，并在发现任何损坏时及时进行修复。成品保护专员则需对成品保护工作进行监督和检查。每当一段工程完工后，项目质量员会立即进行质量检测，并将检测结果准确地记录在质量标识签内。标识签会被粘贴在受检部位，以便工人能够及时了解每段工程的施工质量，此举有效地增强了工人的质量意识。

3.分布式生产协同

为了快速推进深圳湾区生态国际酒店项目的建设进度，项目采用了分布式模块箱体生产技术。该技术基于全产业链信息化和智能化技术，实现了多专业设计、多区域生产以及统一运输安装的高效协同作业。项目总计生产完成了1637个钢结构模块单元，每一个模块根据生产地点和工艺流程分为钢结构箱体的生产和箱体一体化精装修两个环节（图3-5）。

根据产能和运输距离，在广东省内选择了9个钢结构箱体生产工厂，其中，1个工厂位于惠州、3个工厂位于佛山、2个工厂位于江门、3个工厂位于珠海，工厂与项目基地之间最短直线距离为50公里，最长直线距离为150公里。

模块单元的钢框架分为底架、顶架、前后端以及左右侧墙六个部分，这些部分在各自的工作位置进行分别装配和焊接（图3-6）。然后，这些组件会被转运到总装台进行整体拼装。中建海龙科技有限公司珠海基地采用自动化的生产线生产模块单元钢箱，流水线上的焊接作业全部由机器人自动完成，每半小时就可以生产出一个箱体钢结构的成品。另外的8个工厂则采用传统的手工作业模式进行钢结构箱体的生产。

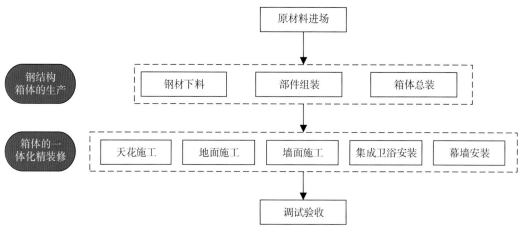

图3-5　模块单元的生产流程

图 3-6 模块单元钢结构箱体生产

　　箱体一体化精装修分别在珠海的 3 个工厂和江门的 2 个工厂进行。在完成模块单元钢结构箱体生产后，将它们转运到这 5 个工厂进行内部装饰和外部幕墙安装。项目采用人员移动（箱体固定）的施工方式，确保车间可以容纳尽可能多的箱体，并同时进行装修作业。通过分布式生产设计，项目实现了每天 120~150 个箱体的总产能，生产效率大大提高。

　　项目采用装配式建筑信息模型（Building Information Modeling，BIM）生产协同管理平台进行生产过程管控，可以有效地实现多工厂协同作业，并对项目信息、生产任务、堆场管理、发货管理等各个模块进行优化。该平台支持各工厂间的协同生产，提升了整体生产效率。同时，按照模块化集成建筑质检标准对检查项目和检查节点进行细致的规划，优化质量管理模块，确保产品高品质。项目基于多工厂协同生产模式优化了报表中心，提升各类数据的准确性和汇总效率，包括生产数据、质量数据、发货数据等重要指标。

第三节　模块单元运输管理

对模块单元进行运输之前，要经过成品的保护工序。保护工序流程见图3-7。

货物的生产、验收情况主要由物流采购部负责，同时生产管理部、品质保证部、运输商及各相关部门也须共同协调，配合运输全过程的防护管理。项目的高峰期每天运输150~180个模块单元，在进行模块化集成建筑的设计时已经将运输的货柜货车尺寸考虑在内，一般其宽度不大于3.5米，高度不大于4米，长度不大于13米。每个模块单元须使用链条/绑带在前后各绑扎2道，保证道路运输中箱体的质量安全（图3-8）。在车流量较大、比较拥堵的时间及路段，选择错峰行驶。由于箱体"三超"，在车流量较大时，须安排车辆进行全程护送或在相关重要路口进行护送。

每辆货车须根据要求在运输过程中安装全球定位系统（GPS），同时将货车位置同步更新至C-smart智慧工地综合管理平台，在运输过程中管理人员可以实时监控每个模块单元的位置，实现运输进度的把控及预警。

保护工序流程
模块内侧密封胶带粘贴
木夹板封贴承重龙骨
安装龙骨框架
安装两列竖骨、两列横骨
整体框架满铺木夹板
铝塑板压紧
开口处雨布包裹，外侧两条铝塑板做横骨压紧雨布
密封结构胶
防水检查

图3-7　保护工序流程

图3-8　模块单元的运输

第四节 模块单元吊装技术

1. 工程概况

模块单元进场后，首先对其进行集中存放并开展验收（图3-9），检查运输期间是否存在破损及其他质量问题。待验收完毕后，根据现场的施工进度提前预备相应编号的模块，使用货车按照施工要求运送至现场。

模块化集成建筑酒店的结构平面布局如图3-10、图3-11所示。

图3-9 模块单元集中存放验收

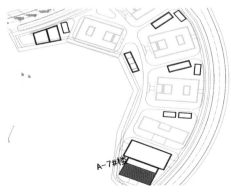

图3-10 A地块楼栋平面布置图　　　　　　　图3-11 B地块模块化集成建筑楼栋平面布置图

中庭区域为交通核钢结构，酒店客房均为模块单元（表 3-1），钢结构与模块单元间通过走道板进行连接。

单栋建筑尺寸 32.88 米 ×62.29 米，建筑高度 23.65 米，各层配置 37 个模块单元箱体，共计 1637 个。

表 3-1　模块单元模块统计表

层数	模块	数量	规格 / 毫米	备注
1 层	A1	13	9000×3580×3230	各模块以精装修房间重量统一考虑吊装，约重 20 吨
	A1-M	10		
	A1*	2		
	A1-M*	2		
	A2	1		
	B1	1		
	B2	1		
	C1	1		
	C1-M	1		
	D1	1		
	D2	1		
	D3	1		
	E1	1		
	E1-M	1		
2 层	A1	18		
	A1-M	15		
	A1*	2		
	A1-M*	2		
3-7 层	A1	20		
	A1-M	17		

注：1. 模块 ××-M 与模块 ×× 互为镜像关系。
2. 模块 ××* 或模块 ××-M* 的柱子为 10 毫米厚，其余的模块钢柱为 8 毫米厚，详见各模块结构图。

2. 整体施工部署

1）整体吊装顺序

各楼栋平行施工，根据整体进度计划安排模块单元的吊装，各楼栋吊装的先后顺序为：A5—A4—A2—A3—A1—A6—A7。

2）单栋楼的吊装顺序

根据以往施工经验，为避免误差积累，造成箱体与走道板或箱体与箱体之间位置偏差积累，确定吊装顺序，图中蓝色箭线方向为吊装顺序方向。

3.施工准备

1）技术准备

（1）交通组织方案确定

整体场内交通方案考虑永临结合，临时施工道路根据楼栋情况进行设置，为方便模块单元运输，设置场内循环运输线路（图 3-12）。

因项目工期紧，模块化集成建筑运输对交通流量需求大，因此场外交通运输申请征用了排牙山路、江屋山路划入施工区域，施工期间封闭管理，占用白沙湾路临时管理。

为避免场内交通拥堵，在场地外设置临时模块单元中转场地，需用地约为 15000 平方米，以便协调 60 个模块单元运输板车停放。

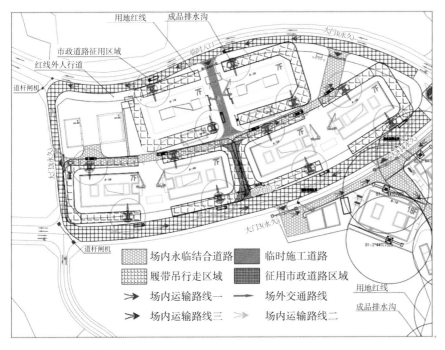

图 3-12　吊装平面布置图

2）吊装方案确定

模块单元吊装方案的制订必须关注以下因素：

（1）安全性：吊装半径范围内吊车起重性能须满足最不利工况下模块单元吊装。

（2）现场场地条件：吊装过程须考虑吊车占地及模块单元运输道路占地。

（3）市场供应能力：须充分考察深圳市周边大型吊车设备租赁资源。若无完全匹配方案所选定的吊车型号资源，可在满足箱体吊重要求情况下增大吊车选型，但不可降低选型。

（4）经济性：结合深圳市周边吊车租赁价格水平，考虑吊装成本。

4. 施工总结

模块单元的安装机械化程度高，施工前策划的主要关注点有三个。

1）交通组织

（1）场内外的交通组织，重点关注各种工况的道路需求及转弯半径；

（2）场内道路循环；

（3）各阶段可能存在的其他大型机械，如钢结构吊装机械及幕墙登高机械等的交叉作业。

2）大型机械的选型及配套吊具的选用，模块单元单个重量约为20吨，依据深圳市的相关管理规定须组织专家论证。

3）与钢结构的交叉作业，项目因钢结构设置于核心区，单栋整体施工顺序为中庭钢结构安装→模块单元安装。

在首层模块吊装之前，需要提前在基础施工阶段对模块柱的位置进行定位和放样，同时还要在基础短柱中预埋连接板作为模块箱体的底座。在正式吊装模块单元之前，进行试起吊以检查箱体是否发生变形、吊点是否稳固。一旦确认完毕，开始正式起吊，这需要现场施工员与吊车司机进行实时联络，确认模块单元的落位。通过由高至低、由粗至精的方式不断调节箱体在空中的位置，最终实现与下面一层模块顶部的连接板完美对接。一旦模块单元吊装就位，在节点处插入螺杆，拧紧后安装连接板，并在螺杆上端拧紧套筒，为上面一层的吊装提供连接点。

结语

深圳湾区生态国际酒店项目采用模块化生产运输技术，在生产过程中采用结构装饰一体化集成技术、标准化生产管理及分布式生产协同，在运输模块单元时采用模块单元运输管理与模块单元吊装技术，极大地提高了项目的生产效率，在缩短工期的同时也把控了高质量生产，并顺利地完成了模块单元的运输和吊装。

第四章　BIM 技术及应用

第一节　项目难点

　　深圳湾区生态国际酒店项目建筑功能复杂，涉及面广，专业系统及设备较多，交通疏导与资源组织都较为困难。面对工期短、任务重的施工现状，项目管理人员及一线工人必须深度掌握图纸和施工细节，这就需要 BIM 技术的介入和支持。BIM 的视觉设计将传统的平面施工图纸转化为立体的 3D 模型，这种视觉表现形式使管理人员能够迅速掌握项目的建筑功能、结构空间和设计理念。同时，模型的任意切面和旋转功能使得复杂的工程结构清晰可见。

　　与此同时，国际酒店项目采用设计采购施工工程总承包（Engineering Procurement Construction，EPC）模式，相较于传统工程项目，能够充分发挥设计优势，实现设计和施工无缝衔接，具有协调性好的特点。其中，BIM 技术作为 EPC 全生命周期沟通协作的基础，能够在协商、设计、深化、更改、策划、施工、调整等方面为项目提供支持，解决项目中的很多难点。

第二节 BIM 辅助设计技术及应用

为明确项目过程中 BIM 应用的细节，在项目策划阶段，结合项目特点和需求，着手编制《BIM 实施方案》《BIM 建模标准》和《BIM 模型及文档管理规则》等指导性文本（图 4-1），明确了团队组织架构、BIM 开展的具体流程等。

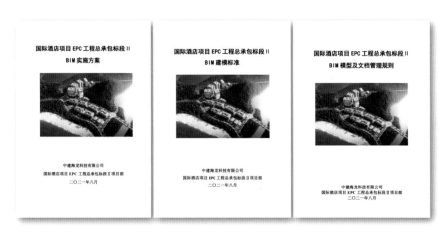

图 4-1 BIM 相关指导性文本

在设计阶段，秉持"少规格、多组合"的原则，通过箱体及客房模块化设计，平、立面标准化，箱体、钢结构、幕墙等部件的标准化，实现了高装配率建筑设计。在此过程中，参照标准构件库中已有的构件进行选择与组合，并结合 BIM 技术的三维可视化功能，对钢构件的几何属性进行可视化分析，进一步优化预制构件的类型和数量。在设计阶段，项目指挥部和 BIM 管理组要求采用集中办公的工作方式，总包单位机电负责人、土建负责人、BIM 实施团队与设计院实现零距离沟通，提高了沟通效率，保障了设计进度。

为匹配模块化集成建筑快速建造体系全专业技术前置、施工准备阶段提前的特征，项目采用 BIM 正向设计（图 4-2），提前发现预警建筑、结构和机电专业设计失误 300 余项。

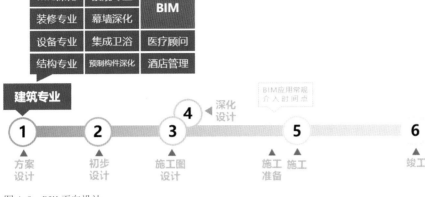

图 4-2 BIM 正向设计

1. 主模型创建

以"正向"为理念，同步设计进度，在设计过程中，各个相关方面（例如设计团队、校核团队和其他相关部门等）的工作应当同时进行，以保证设计工作的效率。通过不断丰富和完善模型的信息维度，可以更准确地模拟现实情况，从而更好地指导设计工作，实现项目设计开展与校核同步，提前消除设计过程中的"错、漏、碰、缺"问题，实现短时间内完成高质量设计图纸，并辅助进行设计交底、定案。

利用设计模型模拟真实环境（图 4-3），在设计阶段开展计算项目日照、场地风环境、室内天然采光、构件隔声及背景噪声等 9 项性能分析，验证项目的绿色、节能、隔声、低碳及可持续性，实现"碳达峰""碳中和"目标。

图 4-3 BIM 模型

2. 幕墙深化设计

中国建筑兴业集团有限公司采用了参数化的设计方式来对项目进行幕墙深化设计（图4-4），通过编写函数和过程来控制特征和造型，修改初始条件以得到对应的结果，实现设计过程的自动化。在此项目中，则通过BIM技术将全部设计要素作为某个函数的变量，通过设计函数及算法将数据进行关联，通过输入参数自动生成模型，大幅加快了模型的生成和修改的速度，项目在中标后12小时便敲定了第一版设计方案，48小时便完成了加工图和3D建模，72小时便完成了第一版设计方案。

图4-4　BIM辅助幕墙设计

3. 净空净高分析

净高是项目的一项重点管控指标，设计阶段利用BIM技术，同步各专业施工图设计模型进行综合管线深化，分析验证重点区域、部位和通道处的结构净高、管线安装后净高，并提交相应的净高分析报告及对应的优化建议（图4-5）。

运用BIM技术进行净高分析，能在设计阶段帮助设计团队更好地掌控净高指标，进而提升设计品质与效率。这种分析工具能增强协同作业的效果，提高预测准确性，并减少错误和返工现象。基于此种协作模式，运用BIM技术进行楼层净高分析，可提前发现净高不足的区域，进而提出调整风管尺寸或改变风管路由等方案，以确保室内净高达标。结合这些方案，对管综模型进行初步调整，然后基于新的模型进行二次机电深化。待管综模型调整完毕，开洞信息也会同步至钢结构加工厂，以确保所有预留孔洞加工位置的准确性，并达到快速施工的目标。

整个过程以同一模型为沟通基础,而模型在沟通过程中不断得以优化。由于模型与图纸之间存在联动关系,因此模型中的任何改动都会反映在图纸上,进而实现正向设计。

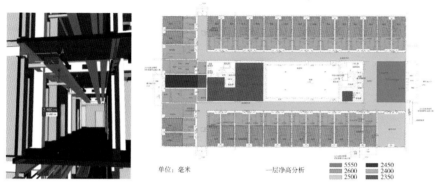

单位:毫米　　　　一层净高分析　　　5550　2450　　2600　2400　　2500　2350

图 4-5　净空净高分析

4. 图纸问题报告

在项目设计过程中,BIM 实施团队通过前期参与提前发现并记录图纸问题,如标注不清晰、缺失、设计说明与平面图不统一等等,整理形成图纸问题报告,提交设计团队,提前解决设计过程中的"错、漏、碰、缺"问题,避免在项目后期出现更复杂的问题,从而降低成本和风险。通过 BIM 技术对图纸进行把控不仅有助于提高设计的准确性和效率,还有助于增强团队之间的沟通和协作,确保项目的成功实施。

5. 机电各专业深化出图

基于深化后的 BIM 模型,出具机电综合平面图、各专业深化图、轴测图、节点详图和钢结构洞口预留图,2D 与 3D 技术结合,直观表达各构件之间的关系,定位精确,辅助施工。通过 BIM 技术深化出图(图 4-6),施工队伍可以更清楚地理解设计意图,准确地定位各个构件,辅助实际施工过程。同时,这些图纸也为项目管理和质量控制提供了重要的参考依据。

在施工前期进行全专业虚拟建造模拟,直观高效地表达了设计意图和构造做法。坚持全员参与、施工前置的理念,开展 EPC 项目的职能线和业务线的融合。通过采用 BIM 轻量化技术进行建筑、结构、机电、幕墙等专业设计交底,对 BIM 模型进行详细深化模拟展示。在项目施工过程中,对各个工序和专业的交叉顺序以及关键节点进行固化和统一标准。这一做法对现场施工的有序开展起到了引导和指导作用，为项目的快速建造提供了重要保障。

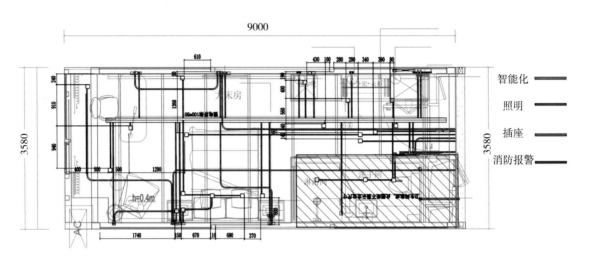

智能化 ━━━━

照明 ━━━━

插座 ━━━━

消防报警 ━━━━

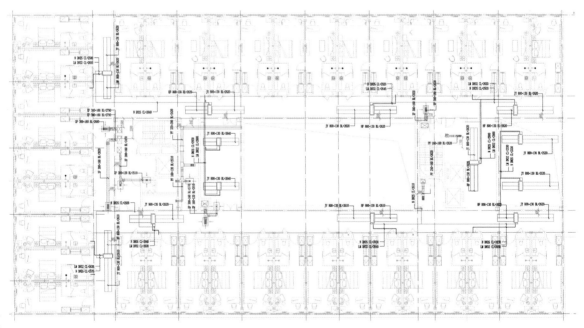

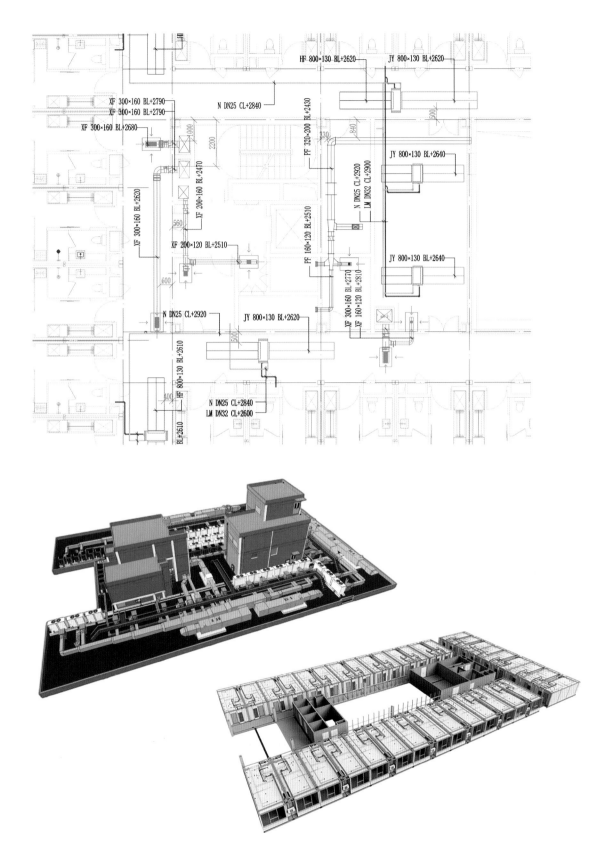

图 4-6 BIM 辅助深化出图

第三节　BIM 辅助生产技术及应用

深圳湾区生态国际酒店项目的 A 地块（北区）采用了模块化集成建筑快速建造模式，BIM 技术在模块单元生产过程中的运用对项目的顺利完成起到了积极的推动作用，应用 BIM 技术结合钢结构全生命周期管理系统辅助生产，从工厂预制、智能运输、现场装配等环节为完成高标准建设任务提供保障。基于射频识别（Radio Frequency Identification，RFID）无线射频技术对预制构件的采购、切割、加工、运输、安装状态进行管理，实现构件全生命周期追溯可视化，以及构件管理数据化。

首先，通过 BIM 技术将模块单元的结构、机电、消防等专业模型进行整合，可以核查孔洞情况以及可能存在的碰撞问题，确保工厂生产的准确性，避免在项目现场进行开洞作业对施工进度产生不利影响。

其次，通过制作单个箱体的制作工序视频以及 BIM 模型，可以为工人提供形象、具体的交底演示，帮助他们快速建立起对模块化集成建筑模块结构的整体认知。这种方式有效地缩短了工人的培训时间，同时提高了项目的交付质量。

以 EPC 总承包单位独立研发的钢结构全生命周期管理平台为基石，将深化设计模型通过数控（Numberical Control，NC）数据与加工设备进行无缝对接，同时将 BIM 模型的几何数据信息导入钢结构全生命周期管理系统中。这些数据支持从钢材采购、工序加工与验收，到过程跟踪、自动化加工，再到现场扫码安装等全过程的广泛应用。此外，借助 EPC 单位所属集团提供的物联网平台，实现对构件状态的智能化管理。

1. 多工厂协同生产

深圳湾区生态国际酒店项目采用了分布式的模块箱体生产技术生产 1637 个钢结构模块单元，这是一种高效、灵活的生产方式，可以在多工厂协同生产模式下进行。为适配多工厂协同生产模式，生产过程中应用装配式 BIM 生产协同管理平台制造执行系统（Manufacturing Execution System，MES），对多工厂的项目信息、生产任务、堆场、发货等环节进行高效、精确的数字化管理。MES 升级了报表中心，提升生产数据、质量数据、发货数据等重要数据的汇总效率，更快速、更准确地收集和汇总相关数据。

2. 部品部件及成品加工状态追溯

质量管理是国际酒店项目的重中之重。中建海龙科技有限公司将国际酒店项目模块化集成建筑箱体的 128 项质检标准集成到 MES 内来保证质量检测的高效，实现施工和质检人员在现场通过手机即可完成节点验收工作，大幅提升工作效率。这种集成方式有以下几个关键优点：

（1）提升标准化和规范化：集成质检标准到 MES，可以确保所有的施工和质检人员都按照相同的标准进行工作，避免了因人而异的操作，使得质量更加稳定可靠。

（2）提高工作效率：通过手机端的应用，施工和质检人员可以在现场直接完成节点验收工作，无需额外的时间和人力投入，大大提高了工作效率。

（3）实时监控和可追溯性：MES 可以记录并存储所有的质量检测数据，对质量情况进行实时监控，及时发现并解决问题。同时，这些数据也可以用于对未来的工作进行指导和优化。

（4）提高质量检测的可靠性：通过系统化的方式进行质量检测，可以减少人为错误或疏漏，提高质量检测的可靠性。

3. 箱体 LOD400 模型深化

项目应用 BIM 技术，建立模块单元 LOD400 模型，这有助于更好地理解建筑结构和系统，并在模型中进行设计和优化，深化龙骨布置、精确定位管线并出图，确保施工的精确性和安全性，帮助指导 3000 多名工人的生产工作。这些图纸可以清晰地展示设计细节和施工要求，确保工人理解并按照设计要求进行施工，减少不必要的返工和延误，有效保障模块单元的标准化程度和施工速度。通过 BIM 模型予以详细装饰工序视频展示，配合相关做法爆炸图及做法图，固化各工序做法。此外，项目统一标准，按照标准批量加工、整体安装，提高箱体标准化程度和施工速度，保障各个生产厂家的箱体加工质量统一；应用项目智慧建造管理驾驶舱从箱体生产、运输到安装进行全过程监管。

4. 机电管线预制加工

在模块化结构体系的基础上,实现机电设备装配化,通过BIM深化设计,暖通、电气、消防等设备可以更好地集成到模块化结构体系中(图4-7)。工厂预制这些设备时,可以更加精确地预判它们在建筑中的实际需求和位置,减少现场施工的难度和错误率,从而提高工程质量。通过BIM深化设计,设计师还可以在工厂预制这些设备之前,进行精细的模拟和优化,减少在现场施工中可能出现的问题和返工,提高生产效率。

图4-7 机电管线预制加工

5. 幕墙加工

深圳湾区生态国际酒店项目幕墙单元件共计2.6万余个,为了在3个月的极短工期内完成庞大的生产量任务,中国建筑兴业集团有限公司在行业内首创幕墙开料自动化生产线和全自动化码件生产车间,通过机械臂完成自动上料、钻铣、锯切和智能搬运(自动导引运输车,Automated Guided Vehicle,AGV)等工作(图4-8),在提高生产效率、保障生产精度、减少碳排放、降低加工出错率的同时,也突破了工作时间的限制,实现了

图4-8 幕墙加工

24 小时不间断生产。此外，通过全自动化码件生产车间，降低了工人在工作中可能出现的错误率，提高了生产的准确性。这种创新的生产方式为在如此短的时间内完成任务提供了强有力的支持。

6. 集成卫浴加工

中建海龙科技有限公司自主研发的整体式卫生间技术，不仅在关键路径上加快了项目生产进度，还提供了更可靠的产品质量、更优质的产品使用体验。BIM 技术在这个过程中也发挥了重要作用，从集成卫浴研发阶段即开始介入。

在集成卫浴工厂生产过程中，建立精细化的 BIM 模型，以虚拟建造的方式解决集成卫浴与模块单元箱体的管线交叉问题、排风管设置产生的净高问题等（图 4-9）。BIM 模型的可视化特性可以帮助工人更好地理解管道连接的逻辑，使他们在施工时能够更准确地按照设计要求进行操作，避免因理解错误或操作不当而导致的返工或质量问题。

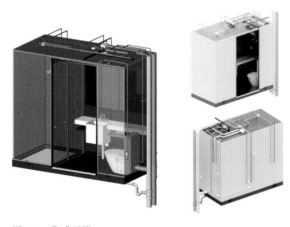

图 4-9　集成卫浴

第四节 BIM 辅助运输技术及应用

1. 货车运输监控

深圳湾区生态国际酒店项目是国内首个采用模块化集成建筑技术建造的大型项目，模块单元的运输管理是其中重要的一个环节。BIM 技术的应用，可以提供构件的详细信息，进行运输路径规划和优化、风险管理及运输过程中的监控和管理，在模块单元运输管理的全过程中都起到了重要作用。

中建海龙科技有限公司 MES 与智慧工地平台进行双平台联动，使得两个平台可以共享和更新相同的信息，从而保证信息的准确性和一致性，并为模块单元加配二维码，实现模块单元统一身份（Identity Document, ID），通过二维码的识别技术，每个模块单元都可以被唯一地标识，并与其在 MES 中的信息关联。同一个 ID 可实现两个平台的信息追溯。这样，每个箱体的运输和吊装进度都可以利用 BIM 模型在平台上实现可视化反映，项目管理人员可以实时了解每个箱体的状态和位置，从而更好地管理和协调资源，提高生产效率。

2. 现场智能交通指挥调度

项目场内 A、B 地块道路狭窄，大部分路段货车通行困难。所以，亟须采用高效、智能的交通指挥调度系统，详细安排各楼栋所需物料的到达时间、卸货位置、堆场大小以及进场顺序。而中海建筑有限公司在行业中首创智能交通指挥调度系统架构，实现了交通组织、调度和管理的多维度统筹构建。智能交通指挥调度系统以"一平台三体系"的总体架构为核心。

"一平台"是指智慧交通管控平台，由停车、调度、安全和管理四大模块构成：停车模块主要负责监控和管理工作区域的停车位使用情况，为司机提供准确的停车位信息，方便司机寻找并停放车辆；调度模块主要是负责交通流量的调度和指挥，根据交通实际情况进行高效的调度和管理，有效地缓解交通拥堵问题；安全模块主要负责监控和管理交通安全，通过实时感知和数据分析等技术，及时发现和预警交通安全问题，保障交通安全；管理模块主要负责交通管理，通过智能化技术手段，对交通数据进行实时采集和分析，为交通管理部门提供科学决策依据，提高交通管理水平。

"三体系"是指精确化组织体系、精确化调度体系以及精确化管理体系：精确化组织体系主要负责组织和管理整个智能交通指挥调度系统，通过明确的职责和权力划分，确保整个系统的正常运行和管理；精确化调度体系主要负责交通的调度和管理，通过实时监控和数据分析等技术手段，实现精确化调度和管理，提高交通流量和行车效率；精确化管理体系主要负责对系统进行管理和维护，确保系统的稳定性和安全性，同时负责对系统用户的管理和维护，保证系统的正常运行。

在进行有效现场指挥的同时，项目利用BIM技术建立场地可视化模型，利用这个模型，可以直观地展示场地的实际情况，包括地形、地貌、建筑物、道路和其他设施等。这样的模型有助于指挥调度人员更好地理解场地情况，为他们提供更准确的决策支持。在调度平台中整合所有的监控信息与调度安排，形成系统化的调度流程，可以实时获取和更新监控信息，如交通流量、车辆位置、人员状态等。这些信息与调度安排的整合有助于实现更合理、更科学的调度决策，提高交通指挥调度的效率和准确性。在BIM模型的帮助下，实现了高效合理的车辆统筹和物料堆放安排，确保车辆和物料在使用过程中的最高效率，真正做到为智能交通调度保驾护航。

第五节　BIM 辅助施工技术及应用

1. 施工方案及工序模拟

考虑到各地块施工进度不一致，对于模型的查看需求不同，深圳湾区生态国际酒店项目在建设过程中将 BIM 模型的各个楼层及个别复杂位置均进行了拆分，并将其上传到轻量化平台上，通过二维码便可以轻松访问，供现场同事使用。模型不仅更轻便，对于初次使用 BIM 的同事也更友好。以设计、生产阶段的数据作为支撑，深入挖掘数据的价值。借助 BIM、物联网、大数据和人工智能等技术，实现人、机器、材料和建造过程的互联互通，从而为建筑全生命周期的数据交互提供赋能。通过细化管理过程，能够实现对项目施工现场的智能化监控和智慧化管理。在项目策划阶段，利用 BIM 对不同工况的场地布置进行模拟分析。这优化了平面道路、原材料和构件堆场的位置、塔吊和施工电梯等垂直运输设备的最优位置以及数量。通过这些分析，能够更好地规划和准备项目现场的布局和资源配置，从而提高施工效率，降低成本，并保障现场安全。

为提高现场技术交底的效率，项目在建设过程中依托 BIM 技术的深度应用建立了"BIM 可视化交底库"，并在项目 A、B 地块各标准间、走廊等关键施工位置布置了三维模型及技术交底动画的二维码。

从工序穿插流程、到钢结构安装、再到机电和精装的 23 条施工工艺交底动画运用了 BIM 技术制作，确保现场作业的同事都有清晰的概念，这不仅提高了施工过程的透明度，减少了误解和错误，还极大地提升了施工效率和质量。工人通过手机扫码即可观看二维码张贴位置对应的三维全景模型、技术交底动画及图纸，用 BIM 技术制作技术交底视频，对项目建设过程中的分部分项工程进行可视化交底，这使工人能够更直观、更有效地理解并执行施工工艺。

采用 BIM 技术进行施工仿真，可以简化和优化施工工艺与施工技术，并形成一系列的模拟动画，包括钢结构吊装、箱体安装、箱体装饰和装饰施工等（图 4-10）。这些模拟动画不仅有助于验证施工方案的可行性，还可以优化各专业的穿插施工工序，实现施工进度的计划与现场实际情况的统一。通过这种方式，能够更好地管理施工过程，提高施工质量和效率。

在施工开始前，建立模型来校核图纸，并生成轻量化模型，为现场多个作业面的准确施工提供辅助。在各层机电、装饰施工期间，利用BIM技术制作的施工工艺交底动画确保现场作业的同事都有清晰的概念。

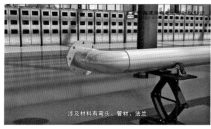

图4-10　工序模拟

通过机电模型深化设计、整体管综的评审与交底，机电安装管道等工程被拆分成模块，提取预制分段清单并生产。加工厂扫码识别清单，进行预制，对部件标识编号，然后运输配送至现场，在现场实施机械化、半机械化和工装设备结合进行安装。

2. BIM+AR 应用

通过增强现实AR技术与BIM模型的结合，利用手机或外接摄像头扫描特定场景的二维码后，能够实现BIM模型（包含建筑、结构、机电模型）与施工现场的叠合。这样一方面能够帮助施工人员避免阅读复杂的图纸，转而观看实景模型进行施工，另一方面则能辅助质量管理人员对已完成工程进行精准验收，提高工作效率、减少错误、降低难度、提高准确性。

BIM+AR 模式也可应用于安全培训（图 4-11）。采用 VR 安全培训设备，结合 BIM 模型深度应用，模拟 7 大类安全事故类型，使工人亲身体验工程建设施工中的火灾、电击、坍塌、机械事故、高空坠落等几十项安全事故的危害性，这种亲身经历的方式可以加深对安全事故的认识和理解。BIM+AR 系统以虚拟场景模拟、事故案例展示、安全技术要点操作讲解等直观方式，用寓教于乐的形式展现安全生产，改变了以往说教、灌输的宣传教育模式，通过亲身体验、互动启发式安全教育，提高项目管理人员和建筑工人的安全意识和自我防范意识；通过虚拟场景模拟，提供了在不真实的情况下进行安全事故演练的场景，大大地降低了培训成本；在安全的环境下进行培训，提高了培训的安全性。

图 4-11　BIM+VR 应用安全培训

3. 无人机专项应用

通过 BIM 技术与无人机倾斜摄影技术相结合，提供平面与高程精确度达到厘米级的高精度无人机倾斜摄影实景模型，获取详细的建筑和地形信息，对施工过程中的各种因素进行真实且准确的模拟。实现在一个图层中同时对齐并显示地理信息系统（Geographic Information System，GIS）、无人机倾斜摄影相片、表面网格（Surface Mesh）（图 4-12）与 BIM 模型，实现在施工进度中更精确、高效的监控和管理，提高施工质量和效率，同时降低项目成本和风险。

图 4-12　Mesh 模型

　　采用无人机在全域巡航，与陆地交通互相配合，应用先进多元的精密技术设备为调度提供全面实时的监控支持，在调度平台中整合所有的监控信息与调度安排，形成系统化的调度流程（图 4-13）。

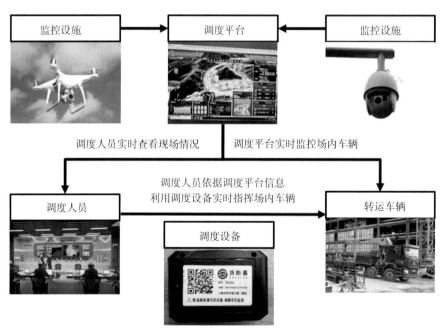

图 4-13　无人机专项应用

4. 竣工资料数字化交付

　　竣工资料数字化交付是项目绿色化、智慧化建设的重要内容，这意味着要收集项目全过程纸质资料并同步转为电子化，方便后续的录入和查阅，录入统一数据平台进行管理，按数字化交付标准建设完成并复核BIM模型，同期根据应用需求程度对BIM模型进行轻量化处理（图4-14）。轻量化处理可以减少模型的复杂性和大小，提高模型的加载速度和处理效率，使其更适应于特定的应用场景。

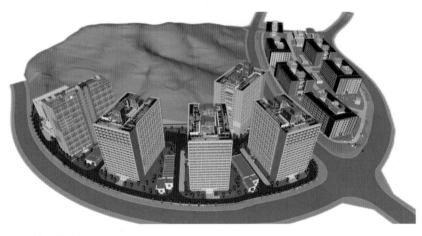

图4-14　竣工模型

第六节　BIM 辅助运维技术及应用

信息可视化是一种跨学科领域，旨在研究大规模、非数值型信息资源的视觉呈现，帮助人们理解和分析数据。根据信息可视化的总体规划，实时地调用各子系统的各个粒度和维度数据统计接口，比如酒店的运营数据、监控数据等，并与 BIM 楼宇可视化模型的接口进行对接，将酒店的运营、监控、统计、态势等各方面的信息通过 BIM 模型进行直观化、清晰化的呈现（图 4-15）。这些数据不仅可以帮助管理者更好地了解酒店的运营情况，还可以为决策提供依据。BIM 模型展示形式以实时信息的展示为主，通常结合 BIM 模型为展示形式。

这种展示形式主要以实时状态信息为核心，需要将各种数据以直观、清晰的方式呈现出来，使全局信息得到动态、有层次、有条理的呈现与展示。如客房的实时状态［包括入住状态（空闲／入住）］、事务状态、资源及设备的状态（位置、状态、告警、数据采集实时数据等）等等。同时还需要展示减量化、资源化、无害化三化系统的实时状态，如水、电、环境等各类实时状态以及异常告警等，以地理时空为核心，使全局信息得到清晰、动态、有层次、有条理、直观化的呈现与展示，最终提高管理的时效性。

图 4-15　BIM 运维系统

深圳湾区生态国际酒店项目结合 BIM 技术来有效地进行实时的数据的呈现与展示。

同时项目通过集成 BIM 模型和设施管理（Facility Management，FM）平台，利用可视化运维平台，主要实现以下功能。

（1）通过 BIM 引擎查找与定位设备

一方面，通过 BIM 模型目录树可方便检索物体对象，控制单体楼层显隐控制，从而快速定位设备、运维的状态；另一方面，可按照设备类型、编码等关键词在三维可视化场景搜索设备，搜索结果将自动定位相机视角并高亮展示目标设备。同时，可利用检索功能对隐蔽工程进行结构检索排查，按供配电、给排水等不同系统进行管线查看和数据调阅，还可分层进行查阅，是长期运维保障的有力工具。

（2）物联网（Internet of Things，IoT）数据采集

集成运维管理系统与楼宇自控系统可实时采集建筑物设施设备动态运行数据，实现对各类设施设备运行监控的精确管理、关联性故障的精确排查，以及设施设备维修维护的提醒管理（图 4-16）。

（3）报事报修

BIM-FM 平台提供三种方式报事保修，分别为通过手机软件（Application，App）扫码提交报修工单、通过客服后台提交报修工单以及通过报警触发自动提交报修工单。

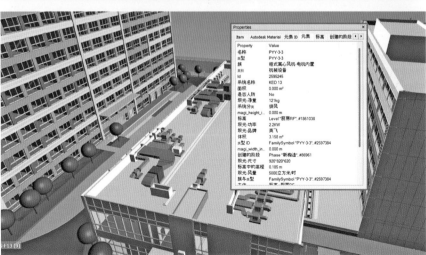

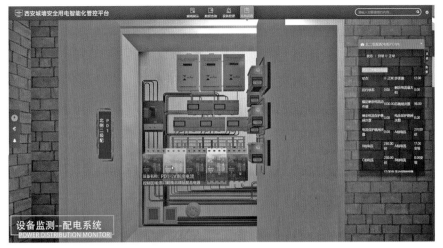

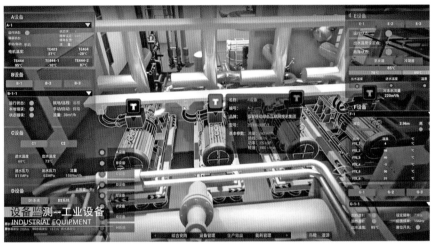

图 4-16　IoT 数据采集

　　管理人员可在 BIM 模型上设置任意时间间隔采集任意的传感器数据，并将数据与相应阈值对比呈现数据正常或异常状态。数据发生异常时，系统会立即在模型中定位到异常的传感器位置，同时进行可视化声光报警（图 4-17）。如果对接了运维系统，还可以同时自动生成工单并提交。

　　（4）智能电器控制

　　可接入安防视频、楼宇自控、智慧楼宇设备、环境传感器等各类型物联网末端数据采集终端，完成数据采集和反向控制，实现诸如灯光调控、监控切换等功能。

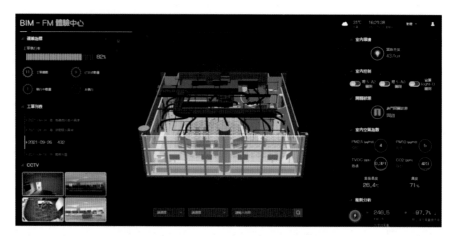

图 4-17　BIM-FM 平台

结语

　　在深圳湾区生态国际酒店项目中，BIM 技术扮演了重要的角色，为项目提供了协商、设计、深化、更改、策划、施工、调整等方面的支持。项目的 BIM 技术应用以"参数化设计、构件化生产、智慧化运输、装配化施工、数字化运维"为导向，通过 5 个应用阶段、12 个应用类别、36 个应用场景，共创建了 232 个 BIM 模型，实现了全过程、全专业的 BIM 应用。相关应用成果服务全过程的数字化协同管理。在设计和生产过程中，项目利用 BIM 技术建立了各专业的 84 个模型和 18 个应用场景，涵盖了 76 个应用项，其中包括机电集成模块化加工、智能交通智慧调度、模块化集成建筑深化等 3 项国内领先的应用技术。这些技术的应用，使得项目在设计和生产过程中实现了更高的效率和质量。

第五章　智慧工地技术及应用

第一节　项目难点

由于项目短期物资类别繁杂、需求量巨大，如模块单元精装箱体需求量为 1656 个，钢结构需求量近 2 万吨。中建海龙科技有限公司推掉其他全部订单，9 个工厂、5 个厂区、573 位管理人员、4553 名工人，全部产能用于供应该项目。

同时因项目时间紧、任务重，一天两班倒的高强度密集作业，导致工人不愿意来项目部施工。项目资源投入均按平行施工考虑，前置工序完成后即需要本专业大批工人退场并组织后续专业工程工人进场，导致现场用工数量"骤升骤降"。A 地块现场施工专业多，近 20 家分包单位在仅 4 万平方米的场地内施工，存在大量的工作内容、工作界面的交叉，以及工作面移交等问题。尤其在冲刺"930 节点"先行交付两栋阶段，机电和精装修等队伍都在一起施工，施工效率影响非常大，存在反复施工和成品保护不足等现象。分包管理是本项目管理的重难点。

项目现场施工采取分区分段平行施工，工人依次依序穿插作业。施工现场有来自全国各地的几十家参建单位、上百多家材料供应商的人员出入，高峰期每天达 1.3 万余人次 24 小时集中施工。用餐、住宿、现场出入、内部交流等各环节都有可能成为病毒传播的途径。同时，项目还需应对台风、暴雨等极端天气带来的压力。

在深圳湾区生态国际酒店项目建设过程中，针对上述问题，中海建筑有限公司运用物联网、大数据、人工智能、虚拟现实（Virtual Reality，VR）、AR、BIM 深度应用、无人机技术等，建立了智慧工地管理系统。智慧工地综合管理平台采用 1 个平台 +N 个模块的应用模式，数据互联互通，通过手机 App+ 多设备数据采集 + 云端大屏集成，以图表或模型实时显示现场各生产要素数据，管理人员可直观查阅全景监控、进度、质量、安全、物料、劳务、环境、工程资料及 BIM 技术应用等管理数据，全过程、全专业深度应用。

第二节 人机料法环管理技术及应用

1. 人员管理

深圳湾区生态国际酒店项目作为重点项目，参建人员众多，具有数量大、来源广、流动性强的特点。人员管理系统通过利用信息化、数字化手段解决工地上的诸多工程劳务管理问题，强化现场劳务管理水平，统计并分析在场劳动力总数及比例分布，合理分配调动劳动力资源，提高管理效率和安全性，为项目建设提质增效。

1）智能出入门禁系统

项目在现场人员进出口配置了"i深建"考勤设备，对人员实行现场劳务考勤统计，系统前端采集的人员考勤数据实时同步至深圳市建筑业实名制与分账制管理平台（简称"两制"平台），可以准确、实时地记录工人的出勤情况。该平台支持数据筛选和导出，使得劳务工资的核算更加准确和便捷。同时，数据经核实筛查后集成至智慧工地可视化人员管理界面，可以提供更直观、更清晰的人员管理视图。

2）深建劳务实名制系统

项目通过"i深建微信小程序"劳务实名制管理，此程序可以生成一个专属的二维码，工人扫码并拍照上传身份证、注册证等信息，自动识别并完成身份认证，形成后台数据库，进而实现工人实名制出入管理。该系统不再依赖专用硬件，微信即开即用，能够同时将信息录入工作分配给各分包单位、班组劳务负责人，总包仅需审核信息录入结果，大大地简化劳务管理人员的工作。这种方便、高效、准确的劳务实名制管理方法，可以帮助项目管理人员更好地掌控工地现场的劳务情况，提高管理效率和质量。

3）人员防疫信息管理系统

项目所有人员防疫信息登记工作采用定制化开发的企业版微信小程序，

入场人员扫描二维码识别进入小程序，填写并上传人员基本信息，建立一人一档，形成后台数据库，统计工人健康码、行程码、疫苗接种情况等信息，支持数据筛选及导出，自动生成表格，助力项目高效防疫，减少人工劳动力投入，实现快速、准确、高效的防疫信息管理。

4）智能安全帽定位系统

通过在管理人员的安全帽上安装蓝牙定位装置，实现对管理人员的定位及轨迹管理，便于查看管理盲区，提高管理质量，并为生产现场的安全管理工作提供可靠的数据依据。这种措施也可以提高生产现场的安全水平和工作质量。

图 5-1　人员管理系统截图

2.机械设备管理系统

1）移动设备全球定位系统定位系统

项目实行智能工地区域管理，在机械设备进场时进行设备的实名制登记并安装全球定位系统（Global Positioning System，GPS）定位设备，以云端为操作基础的管理平台，利用物联网技术及无线网络，实时追踪每台移动机械在不同工作区域的动态，强化机械资源管理，有效提升调配机械资源的效率。

2）吊钩可视化系统

项目现场在塔机、吊臂和小车上安装嵌入式智能科技影像系统，这些设备应配备高清摄像头和夜视红外功能，利用高清摄像头捕捉吊装区动态信息，为了方便塔吊司机在驾驶室进行操作，实时画面应能通过无线传输的方式传输到智能可视终端，从而实现塔吊的可视化操作。塔吊司机的视觉盲区可以通过高清摄像头进行捕捉和显示，以保证在远距离时塔吊司机仍能看到清晰、详细的图像，解决现场视觉盲区、远距离视觉模糊、人工语音引导容易出错等问题，有效地提高塔吊操作的可视性和准确性，从而改善施工效率和安全性。为了保证系统的稳定性和持久性，定期对系统进行检查和维护，包括检查硬件设备的磨损情况、软件系统的更新和升级等。

3. 物资材料管理

深圳湾区生态国际酒店作为国内首个采用模块化集成建筑技术搭建的国际酒店项目，模块单元管理是其中重要的一项，项目通过智慧工地物资材料管理系统实现了模块单元全过程监管。

系统与中建海龙科技有限公司 MES 进行双平台联动，对模块单元进行了二维码的配制，实现模块单元统一身份 ID，同一个 ID，即可实现两个平台的信息追溯。系统将模块单元生产到吊装分为钢箱生产、装修、上车前检验、工地入场检查及吊装后检验五个关键工序，配合智能手机应用程序，在每一道关键工序完成后进行质检及扫码，将数据实时回传到物资管理平台，通过这个系统，可以实现对模块单元的生产、检验、运输、收货和安装等各个环节进行全面、透明和实时的监控和管理。物资管理平台可以提供实时的数据分析和报告，帮助管理者及时发现和解决生产过程中的问题。

在运输车辆准备出发前，会为车辆安装 GPS 定位设备，并将箱体、运输车辆以及运输司机的信息进行绑定。管理人员可以根据箱体编号快速检索到车辆的位置以及司机的联系电话。反之也可以根据车辆的地理位置，迅速找到对应的箱体编号和司机的联系方式。

此外，平台还支持多种检索功能，包括按单体构件信息进行搜索，按楼层整体构件信息进行搜索，甚至可以根据在运构件信息进行检索。这些功能实现了信息的快速、高效集成和提取。这使得管理人员可以根据箱体的生产进度，对现场的生产吊装计划进行精细的规划和排期。

此外，结合国际酒店项目特点与国际建筑企业的供应链管理理念，以订单采购模式和中央集中采购模式为核心，运用互联网、物联网、云计算、云存储等信息技术，开发了基于供应链理论的国际建筑企业物资管理软件平台，实现了业务全流程数据的高度共享，打破传统模式下项目间的信息壁垒，实现项目间和业务流程间的数据纵横向流通共享，平台通过内置算法和对数据的准确分析，实现智慧化台账及库存管理以及对大宗材料价格的预测分析，为企业管理者制定决策提供重要的参考依据。

1）物资采购

（1）物资申请

根据公司的管理要求，所有的物资采购均需要进行物资申请，并根据采购金额及权限等级层层审批，系统则实现了物资采购全流程上线，大大提升了效率，规范了申请流程，同时能做到过程记录，实现痕迹管理。

（2）合约管理

根据国际采购经验探索出两层五类可调控物资采购模型，将物资合约分为协议层和合约层，满足了集中采购的需要、单独采购的需求及合约延续期间对物资的采购数量和采购单价的调整需求。

（3）合约超额控制

物资部制定合约时，可限定超额付款（收款）比例，当累计支付金额超过合约额时，超额部分在10%及以内的，付办单中会显示超额的百分比；超额部分大于10%的，则会提示无法保存单据，即无法进行付办。通过设置超额控制对地盘材料的使用进行监管和预警，加强管理，减少损耗。

（4）流程关联查询

任何一项物资材料从申请、采购、送货、付办、领用都要经过一整套完整的流程，中间的各类单据相互之间是上下关联性的，系统新增了单据联查功能：可通过某一张单据查看与此单据有关联的全部相关单据，如物资申请表、报价邀请表、比价单、物资合约、送货单、发票、付办单、入库单、出库单、销售单、调拨单等，加强了痕迹管理，提高了物资管理的可追溯性。

（5）物资收付款办理

系统可以从之前的相关单据中直接调用本期金额、累计金额、合约超额提示等关键信息，自动生成收付款办理单，大幅节省做单时间、降低手工录入的出错概率，也提高了收付款办理效率。此外，系统还会实时更新单据付办进程，有利于促进公司和供应商的良好合作。

2）物资管理

（1）智慧台账及库存管理

系统智慧台账功能会自动抓取申请表、合约、送货单等单据信息，自动生成台账，无需重复输入，并且依据台账自动计算库存，实时更新。智慧台账及库存管理功能可以有效提升物资记录的准确性，减少工作量，提高仓库管理的水平。

（2）资料管理

通过将定点物资档案信息保存于系统数据库中，系统为管理人员提供定点物资查询功能，方便管理人员查看。系统融合电子档案管理系统（内容社区管理系统，Content Community Management System，CCMS），实现所有过程文件的云端存储，降低了纸质档案遗失风险。

（3）材料管理

在集成了物资采购和到货流程管理模块后，系统通过历史数据的复用，显著提高了各项材料损耗率的计算效率以及数据的真实性。借助内置算法，物资管理人员只需要补充有关时间和物资用量的部分数据，便可以快速地生成最新的材料损耗率并同步生成对应的损耗计算表，为材料损耗管理提供结论和过程两类数据。

（4）智慧报表（材料月报表）

通过全流程的线上整合，系统不仅实现了单据在线填报，同时可以提取已完成单据的信息自动生成台账和各类报表，充分挖掘数据价值，提供决策依据。

（5）在线审批

为了推进流程无纸化、规范化，配合系统开发了流程管理系统，该系统可于个人电脑（Personal Computer，PC）端通过浏览器访问，亦可在移动端通过应用程序进行访问，最大限度地解决了环境条件对于审批速率的限制。

（6）二维码签收

在实现管理业务线及痕迹上操作和保存的同时，系统也充分考虑到业务往来企业对于纸质单据的需求，保证了线上流程与线下流程的连续性。通过平台生成的纸质表格会被自动匹配唯一的身份二维码，在完成相关线下流程后，使用二维码扫描器扫描付办单、粮单完成签收，即时生成签收记录，简便、快捷，最大限度地保证了系统的规范性。

3）现场管理

平台提供了现场管理模块，利用移动互联网技术在施工现场进行物资的现场管理工作，管理者可以使用手机通过文字、语音、在线图纸位置标记和现场相片记录物资进场和使用情况，在后台提供完备的查询和统计功能，当发现问题的时候可以迅速查到有问题的物资的进场情况和使用位置，帮助项目迅速定位问题，解决问题。

考虑到工程现场的网络环境，模块设计了离线存储功能。在网络环境不佳时，事件记录可通过模块 App 自动存储至手机中，待网络适宜时再被自动上传至服务器中，保障信息的及时反馈，解决现有移动互联网工具对于信号的过度依赖。

4. 施工工艺工法管理

在传统施工项目中，一线的施工作业人员普遍文化程度较低，面对比较传统的、枯燥的交底单，往往存在看不懂、记不住、交底流于形式等问题，从而导致相关的措施及规定无法有效传递至施工现场，进而容易产生质量隐患。

在深圳湾区生态国际酒店项目建设过程中，为了杜绝此类现象的发生，提高现场技术交底的效率，依托 BIM 技术的深度应用，建立了"BIM 可视化交底库"，并在项目 A、B 地块各标准间、走廊等关键施工位置布置三维模型及技术交底动画的二维码，工人通过手机扫码即可观看二维码张贴位置对应的三维全景模型、技术交底动画及图纸。用 BIM 技术制作技术交底视频，对项目建设过程中的分部分项工程进行可视化交底。

5. 施工环境和能耗管理

1）智能用电安全监测

深圳湾区生态国际酒店项目在建设管理过程中在项目现场的施工区、材料堆放区、生活区、办公区的二级配电箱均布置了用电监测系统（图 5-2），这可以帮助建立一套高效的能耗管理系统，对节能减排工作进行精细化管理，实现站点能耗核对、能效分级、能耗推算、节能新技术验证推广等目标，及时掌握线路动态运行存在的用电安全隐患，避免电箱起火等事故的发生。这不仅推动了节能减排工作的精细化管理，还提高了现场用电安全的监管水平。

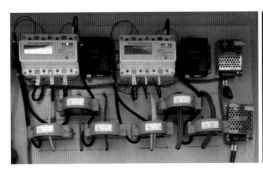 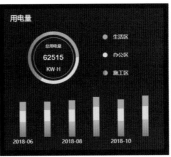

图 5-2　智能电箱现场照片及后台数据图

2）扬尘噪声监测及自动喷淋系统

深圳湾区生态国际酒店项目在建设管理过程中在施工现场主干道和大门均布置了环境监控装置，保障工地周边环境安全，降低施工过程对周边建筑、居民的影响，实现文明施工和绿色施工。该装置能够实时监控环境的温度、湿度、风速、扬尘以及噪声数据，可以及时发现环境异常，迅速采取相应的措施，并将数据上传至物联网平台，实现对现场环境的远程监控，项目管理人员可以在办公室或家中随时了解现场环境情况，进行远程管理和调度。当 PM2.5 或 PM10 的浓度达到警戒值上限时，喷淋智能管理系统（围挡喷淋 + 雾炮机）将自动启动，当浓度降到警戒值以下时自动关闭，实现节能减排。

第三节 质量安全进度管理技术及应用

1. 质量管理

1）质量管理系统

质量管理系统是一个以云服务为基础，允许多个用户实时进行项目管理的管理平台，由移动端的收集 App 和计算机系统组成，支持连续无线和实时上传现场进度和安装细节记录，以及工艺细节记录，并能够生成关于进展的即时报告。项目成员可以随时查看和了解现场的详细情况，项目管理者可以实时了解项目的进度，并且可以根据现场实际情况做出及时的决策和调整，极大地提升了项目管理的效率和效果。

质量管理手机 App 能够定位人员所在楼栋及位置，质量管理人员可以将发现的质量问题拍照上传，并分配至责任部门，问题整改完成后将由质量员报告完工，并由楼栋长进行确认，实现线上全流程闭环式管理，达到节约验收时间、降低验收成本、提高验收效率的效果。

2）BIM+AR 轻量化模型加载及查看可视化系统平台

通过增强现实 AR 技术与 BIM 模型的结合，利用手机或外接摄像头扫描特定场景的二维码后，能够实现 BIM 模型（包含建筑、结构、机电模型）与施工现场的叠合，一方面能够帮助施工人员避免阅读复杂的图纸，转而观看实景模型进行施工，另一方面则能辅助质量管理人员对已完成工程进行精准验收。

2. 安全管理

1）智慧视频监控系统及安全教育

项目现场执行分区责任制，在各个分区配备了安全管理人员，并借助智慧工地视频监控系统对项目进行全覆盖安全管理。

智慧工地视频监控系统（图 5-3）将布设在施工现场的枪机、球机、半球机、无线接入点（Access Point，AP）设备根据需要组建成单个、多个局域网络，将这些设备通过网络连接起来，实现数据传输和信息共享，通过手机端、PC端、大屏端查看现场监控画面，实时掌握工地现场情况。同时在系统中接入海龙工厂、幕墙工厂模块单元生产线视频监控，便于项目现场的管理人员获取实时生产信息。

图5-3　智慧工地平台整合所有视频监控

系统通过视频监控设备后台嵌入人工智能（Artificial Intelligence，AI）智能识别技术，可以实时监测并识别现场工人的不安全行为，同时C-Smart智慧工地系统在全平台实时显示不安全行为，包括不安全行为的发生地点和频次，方便安全管理人员对施工现场进行安全管理。

针对高温热源，现场架设热成像监控并利用AI技术，对现场地段进行二十四小时不间断自动巡检；对高温热源及时发出警报，大幅度降低火灾风险，保障施工现场的安全。

2）数字人民币安全之星管理系统

在项目工期紧、高质量要求的背景下，为贯彻"安全第一、预防为主、综合治理"方针，深化提升项目人员的安全意识，落实"奖励大于处罚"的工作部署要求，激励每个工友成为"安全之星"，实现"每个人都是安全员"的目标。项目后勤部信息化组以数字人民币为载体，研发上线"中海建筑安全之星"小程序（图5-4），期望通过科技与现场相结合提升项目安全管理水平，彰显科技赋能于安全，履职尽责紧于思想、严于措施。

推创新，跑好"第一棒"；拓发展，担好"第一责"。作为首个应用数字货币的建筑企业，推行落实建筑产业工业化，引导建筑工人转化为产业工人，需从物质和精神两个层面，切实维护建筑工人合法权益。"中海建筑安全之星"系统可通过数字货币技术结合安全管理理念，以发放安全奖励福利为应用场景，系统地提升全员安全意识，营造不麻痹、无侥幸、落实处的安全文化氛围。

"中海建筑安全之星"管理平台是一款将传统安全管理办法整合至同一平台并统一进行系统化管理的系统（图5-5）。通过微信小程序，鼓励全员投身安全生产中，解决当前安全管理仅靠项目部一方监管的弊端，进一步降低安全监管风险，极大地提高了安全管理工作效率。系统主要围绕两类安全场景进行应用：一是工友通过观看视频主动学习安全教育细则；二是管理人员通过日常管理过程归纳总结工友良好的安全行为，以此获得数字人民币奖励。工友获得数字人民币后可通过自动售卖终端直接消费，从而实现获取奖励到交易消费的快速闭环。

项目现场设置了9台可支持数字人民币支付的自动售卖终端"幸福驿站"，由原来传统的人工兑换转变为无人兑换模式，解决了兑换慢、交易难、距离远的问题。除此之外，通过系统可视化大屏可同步展现工友良好安全行为、安全之星个人风采、优秀部门以及项目管理人员常态化安全管控形象等各个板块。

图5-4　数字人民币系统平台截图

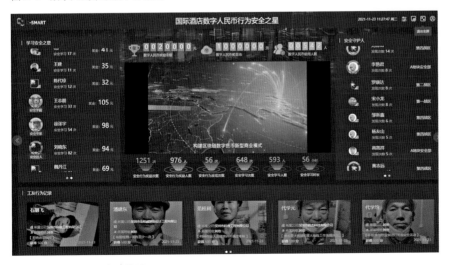

图5-5　可视化数据大屏截图

由于项目现场工人人数众多，因此选择采用"信息化工具＋大数据平台＋可视化前端展示"的模式开展安全之星活动，并通过科技化系统管理，提高整体管理效率，从而切实共同维护安全施工环境。管理人员在现场捕捉到工友的安全生产行为便可以在系统上报记录；分包、工友在现场发现安全隐患也可主动上报，管理人员在系统平台收到反馈后立即组织进行整改；同时也可互相提醒、督促穿戴完整的安全服装设备及规范准确的安全措施，并上报记录。从根源上为思想系上"安全带"，为行为加装"防护栏"。施工现场中有效协同管理人员、分包、工人，互相监督安全行为，让危险无处可躲。

此外，"中海建筑安全之星"小程序会评选"行为安全之星"和"学习安全之星"，将安全文化渗透到每一位建设者的思想意识中，变说教为引导，转处罚为奖励，化被动安全为主动安全。

3. 进度管理

项目通过每日统计的进度信息与 BIM 模型的集成，结合实时反馈机制和物资管理系统，实现对 A 地块模块化集成建筑和 B 地块钢结构建筑的总体施工进度及单个楼栋施工进度的可视化管理。利用项目与平台的链接，在集成平台实时直观反馈项目施工进度情况（图 5-6）。

① 钢结构装配式构件制作跟踪：项目的钢结构制造安装采用了工程总承包（EPC 总承包）单位研发的钢结构管理平台进行管理，对每一批次、每一构件的各个工序通过扫码进行管控。通过数据报表和统计图表，可实时查看当时的制造安装完成情况。

② 模块化箱体制作跟踪：项目设计了可视化楼层箱体地图，通过扫码跟踪每一个箱体的结构箱完成、装修完成、运输完成、到达现场、安装完成这几个状态。另外也设计了数据模型，分析处于每种状态分别有多少个箱体、持续多长时间，以此来特别追踪和推进滞留的箱体施工。

③ 制作厂进度监控：在钢构件和箱体在工厂制造期间，还接入了钢结构制造车间及外协厂箱体车间的视频监控，在指挥中心可实时查看车间内生产实况。

④ 构件运输跟踪：采用 GPS 定位箱体运输车辆，通过地图可视化展示运输车辆 行驶路线、时间、速度等信息。

同时通过无人机倾斜摄影技术，并结合 BIM 技术深度应用，提供高精度无人机倾斜摄影实景模型。通过这种方式，可以捕获到建筑物的详细外观和结构信息，实现在一个图层中同时对齐并显示 GIS、无人机倾斜摄影相片、Mesh 与 BIM 模型。基于高精度的无人机倾斜摄影实景模型，可以方便地进行结构长度和面积的测量，及时了解施工进度情况，项目管理人员可以更准确地跟踪和比较实际施工进度与计划进度。

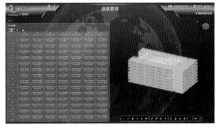

图 5-6　进度管理系统截图

项目利用无人机全景漫游技术，每日拍摄多点位 720 度项目全景照片，捕获项目的多个角度和细节，并每半天更新一次，形成更具交互性、体验感的项目进度展示，深入了解项目进度变化，便于对比项目进度，指导项目施工进度安排。

同时项目通过使用无人机进行定点航拍，每日定时段拍摄项目全景俯视图，建立项目相册，帮助更直观地了解项目的整体进度，同时支持不同时段对比，协助管理人员了解项目在某个特定时段内的进展情况。

1）网络计划图

通过网络计划图（图 5-7）抓住"EPC"管理的三条主线，分别为设计关键节点、材料设备关键节点和施工关键节点，通过管住结点间的跨线协调、控制一级节点及里程碑的时间，来整体把控项目的整体进度。

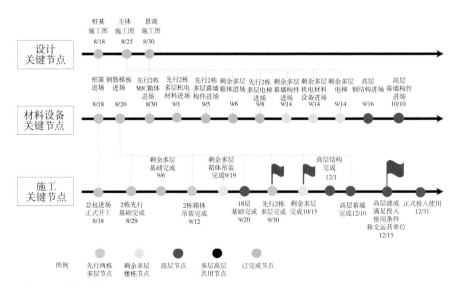

图 5-7　网络计划图

2）进度计划甘特图

在网络计划图管控一级节点的基础上，通过进度计划甘特图（图5-8）管理项目进度的二、三级节点，把控关键线路，同时与 C-Smart 短期进度管理系统 1.0 互相关联。

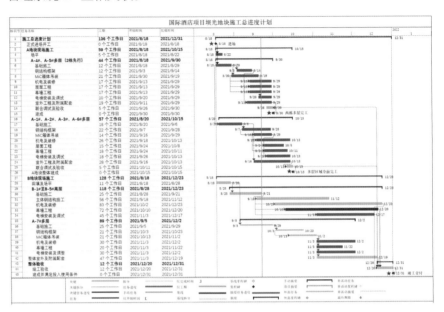

图 5-8　进度计划甘特图

3）工程计量矩阵图

在工程计量矩阵图层面，则是更加细致地展现各项工程的进度"横断面"，包括作业面、劳动力、工作内容、工作量完成和进度状态等（图5-9）。矩阵图支持各级管理，且直接反馈最底层的问题。

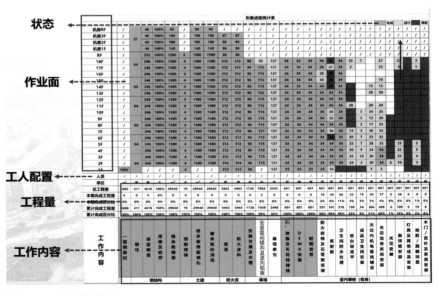

图 5-9　工程计量矩阵图

4）形象进度曲线

而为了更直观地展现工程的整体进度，技术人员则绘制了项目的"形象进度曲线"（图 5-10）。通过曲线表明，建筑工业化更早地在空间、时间上实现了工序穿插以及工效提升。

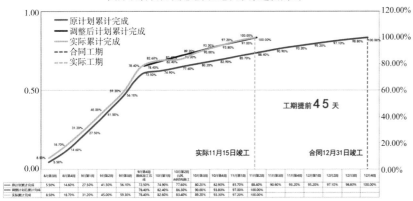

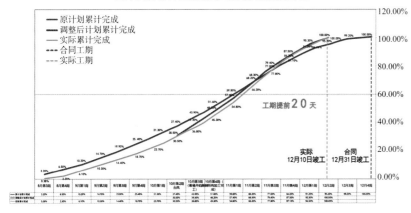

图 5-10 形象进度曲线

结语

深圳湾区生态国际酒店项目通过建立智慧工地技术系统，将工地信息采集、分析汇总，辅助施工管理和决策，科学地对建筑工程的人员、物资、机械设备、进度、质量、安全、环境等各方面的管理进行综合监管，实现了对于人、机、料、法、环的全方位监控以及对于质量、进度、安全的全周期管理，有效地保障了工厂生产、现场施工顺利进行，实现了建造系统化、信息化、标准化管理。通过该平台的应用，可以大大提高工地管理的效率和精度，减少管理成本，提高工程质量，保障施工安全，同时也为工程资料和 BIM 技术应用的推广提供了便利。

第六章 绿色建造重点与难点

第一节 项目难点

我国明确提出二氧化碳排放力争于 2030 年前达到峰值、努力争取 2060 年前实现碳中和的"双碳"目标。这一目标的提出引发国内外高度关注。建筑业减排任务繁重，实现"双碳"目标任重道远，建设工程应从建材生产、施工建造、运营维护的全生命周期入手，推动全产业链绿色低碳化发展，需大力发展装配式建筑、绿色建筑，推动绿色发展。根据《建筑工程绿色施工评价标准》（GB/T 50640—2010）、《建筑垃圾处理技术标准》（JJ/T 134—2019）和《施工现场建筑垃圾减量化指导手册（试行）》等相关指导标准，在项目的建设过程中应实现绿色制造。

然而本项目建设性质是应急工程，建设任务重，施工工期短，如果按照传统施工方法，在兼顾工程进度质量时往往容易忽略绿色建造，如现场施工产生建筑废料、噪声、粉尘等污染，同时施工器械也会耗费大量电力、能源，导致碳排放和环境污染等。施工生产会排放大量建筑废弃物，也是项目绿色建造的挑战之一。

第二节 绿色宜居的建筑设计

1. 低碳宜居的建筑设计

深圳湾区生态国际酒店项目选址地块紧邻白沙湾，周边具备优良的山海景观资源，北靠白沙湾，南靠排牙山，东边是银叶树湿地公园。酒店远离市区，亲近自然，能给客人带来愉悦的居住体验。

酒店 A 地块整体景观设计遵循快速建造、分区设计、平急转换的原则，四季都有开花植物，营造山地自然疗愈的景观氛围。酒店景观环境充分考虑入住人员心理需求，引入大量绿植景观，在视觉上弱化园区域划分感，营造自然疗愈的景观氛围（图6-1）。园区采用消毒杀菌、净化空气的树种，构建保健型植物群落，促进隔离人员的身心健康。此外，植被以速生植物为主，快速营造效果，便于后期运营管理与改造。

酒店主入口大门采用开敞通透风格，分别设置车行、人行出入口，在出口一侧设置岗亭；外部围墙采用栏杆式，考虑分段、有节奏的虚实对比，在栏杆外侧种植开花植物并考虑变化。

此外，景观设计整体还考虑了平急转换的功能。为保证入住人员居住期间园区环境卫生、易于消毒，景观设计结合登高面预留铺装广场、中庭，

（a）酒店主入口大门

（b）内部庭院

图6-1 酒店园区内部景观设计

应急时期景观注重兼容观赏性及实用性，用良好的视觉景观环境改善人的心理。未来可根据平时运营需求，增加近人尺度的校园文化小品及休息空间，打造安静、舒适的校园景观。

酒店整体照明以简洁明快的设计突显建筑结构特色，同时注重项目昭示性及体验性的表达（图6-2）。照明通过亮度的对比关系，形成有主次、明暗的灯光设计。整体以暖光为主，通过光色对比搭配互相衬托，突显建筑层次。酒店顶部采用昭示灯光，实现具有空间感、层次感的天际线照明；立面采用韵律灯光，实现具有规律性、节奏感的立面照明，并辅以框式灯光，体现建筑风格和特色；酒店入口采用引导灯光，通过亮度比强化出入口。

酒店的照明采用人性化、动态的设计理念，具有节日、平日和深夜三种不同的模式（图6-3）。节日模式下，灯光呈现呼吸节奏变化，呼应地域环境，海洋、沙滩、阳光，给人一种轻松愉悦的体验感；平日模式下，灯光以静态为主，同时立面灯光减少，体现绿色节能；深夜模式下，为体现建筑特色，保留顶部昭示性灯光，强化建筑远观识别性，减少立面部分灯光，

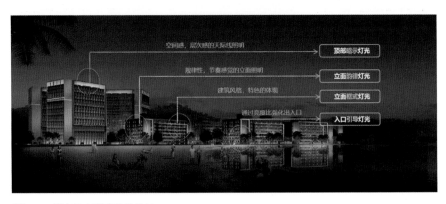

图6-2 酒店泛光照明整体设计

（a）节日模式

（b）平日模式

（c）深夜模式

图 6-3 人性化、动态的照明模式

重点表现建筑框式结构，强化体量感及特色性。

　　酒店采用绿色照明设计理念，根据国际照明委员会（Commission International de L'Eclairage，CIE）照明标准，针对几个功能区选用适合的照明标准值。整体尽量采用混合照明，用局部照明来提高作业面的照明，以节约能源。采用发光二极管（Light-emitting Diode，LED）灯具，选用灯具将光线反射，提高照明质量，不产生照度不均匀、眩光和光幕反射等问题。在满足景观效果、照明质量的前提下，尽量采用节能设备，选用的泛光灯具效率不低于 80%，灯具外壳及灯杆均采用 100% 可回收再利用的铝合金材质。精心进行光学设计，合理选择光源的发光角度及灯具的安装角度，尽可能减少各种眩光。此外，整体照明采用智能化控制管理系统，引入软启动和软关断技术，可延长灯具寿命 2～4 倍，同时减少了不必要的耗电开支，降低了运行维护费用，比传统开关控制可节电达 50% 以上。

　　酒店在精装修方面用材设计简单化，在遵循安装便利、快速周转、便于替换等原则的基础上，达到最优的品质和风格设计。在机电及精装修中，采用了干法施工工艺、管线分离措施以及低碳环保的材料，从快速建造、平急两用的角度出发进行深化设计。

　　酒店客房全部进行标准化设计，分为大床房、双床房、套房三种房型，针对不同的房型，通过统筹建筑设计模数提高深化设计的通用性，极大地简化了工厂装修施工工序及管理流程，提高了工作效率和材料利用率。

在装饰材料和家具材质的设计选型时，考虑酒店和防疫隔离单元对室内声环境、光环境、热环境及空气的要求，选用绿色环保、耐毒、耐腐蚀的材料，能够减轻定期消杀对饰面的影响，并阻止了有害物质的产生。在优先保证使用功能的基础上，对客房进行优化设计，通过不同材质的组合、色彩的搭配形成高雅、舒适的居住空间，充分体现绿色低碳的生活体验。

2. 健康舒适的居住体验

项目在设计时通过各类物理模拟进行性能化设计，采用一体化装修，选用绿色建材，从规划布局、景观设计、采光与新风等方面着手打造健康舒适的居住体验。

整个建筑规划布局满足日照标准要求，保证了居住舒适性；整个建筑外立面采用减少光污染措施，玻璃幕墙的可见光反射比满足规范要求；建筑内外均设置便于识别和使用的标识系统。

整体景观设计遵循快速建造、分区设计、平急两用原则，确保项目景观植物四季开花，营造山地自然疗愈的景观氛围。房间内环境控制通过设计可开启外窗保证自然通风。房间具有现场独立控制的热环境调节装置，围护结构内表面温度满足标准要求。酒店（含宿舍）采用集中新风系统，新风系统设初效过滤器，新风经过热湿处理后被送入室内。不同清洁净区域的空调、通风系统独立设置，避免空气途径的交叉感染。客房地板采用隔音设计，有效降低楼板撞击声压级。

3. 节能低碳的宜居生活

整个项目在设计时采用绿色节能技术，在系统和设备选型等方面采用相应的措施，降低运行期间的能耗，实现节能低碳。应用可再循环材料，钢板、型钢、钢筋选用高强材料。选用工业化内装部品，建筑所有区域实施土建工程与装修工程一体化设计及施工。项目设置能源管理系统对建筑能耗进行监测、数据分析和管理；设置用水量远传计量系统，分类、分级地记录和统计分析各种用水情况；对建筑设备实行自动监控管理，实现智慧运行。

第二节　绿色施工管理

1. 系统化的绿色建造管理

　　绿色建筑指在设计、施工、运行等全寿命期内，节约资源、保护环境、减少污染，为人们提供健康、适用、高效的使用空间，最大限度地实现人与自然和谐共生的高质量建筑（图6-4）。相比于传统建筑，绿色建筑不仅以经济效益为目标，更要以社会效益、环境效益为出发点，实现人、社会与自然的和谐统一。项目采用了从立项初期到建筑设计、再到施工建造、直至最后的运营阶段系统化的绿色建造管理理念，旨在实现经济效益、社会效益和环境效益的平衡，为建筑业的绿色发展探索了一条可行的道路。

　　随着社会的发展，人们对于酒店建筑的要求已经不仅仅是满足基本的住宿需求，更加关注健康、舒适、安全和环保等因素。酒店的建筑设计遵循以人为本的理念，注重功能性和人性化，采用模块化的新型建造方式，这种建造方式具有高效、节能、环保等优点，同时通过工厂化生产保障了建筑的安全性和耐久性。

图6-4　以人为本的建筑设计

在健康舒适性方面，为了提供健康、舒适的住宿环境，酒店严格控制室内主要空气污染物的浓度，选用绿色低碳的装修材料，水箱出水管增加紫外线消毒设备进行消毒，严格把控用水品质，采用隔音性能好的围护结构，对设备房采取消音、减振的措施，以此优化主要功能房间的室内声环境。同时为了保持良好的自然通风效果，室内空间布局也经过精心设计，不仅设置了无障碍设计满足不同客人的需求，为行动不便的客人提供便利，还设置了智能照明控制系统、应急响应系统和智能机器人系统等高科技设施，为客人带来更加智能化的体验。在资源节约方面，酒店采取了一系列措施。首先，酒店采用了热工性能优越的围护结构，并选用低能耗的电气设备减少能源消耗；其次，为了提高用水效率，酒店采用了较高用水效率等级的卫生器具和雨水综合利用设施。这些措施不仅有助于实现节能减排，还能为客人树立起环保、低碳的生活理念。在室外环境方面，建筑及照明设计避免了光污染的产生，场地内的风环境设计有利于室外行走、活动和建筑的自然通风。

整个项目采用绿色施工管理体系（图6-5），旨在实现绿色建筑和可持续发展，建立有绿色建筑的施工组织体系、严格的管理制度，通过把整体的施工任务分解到组织体系的管理结构中，使各参建方在有序的

（a）宣传教育平台

（b）劳动者驿站

（c）员工办公区

（d）新能源施工车辆

图6-5　现场绿色施工及管理

管理下规范地投入绿色建筑的施工。项目编制了整体实施方案和绿色施工方案，从全局出发对工程建设参与的各个单位进行考虑，并将绿色施工思想融入规划中。

项目在施工准备阶段提前做好了驻地建设，为施工人员提供方便、健康的工作环境。现场结合项目特点对绿色施工的内容进行了集中宣传和教育，帮助项目参与人员明确绿色施工的要点。施工器械尽量采用以新能源为动力的设备，以减少碳排放和环境污染。施工现场通过围挡、洒水降尘、道路硬化等措施进行扬尘控制，减少对环境和人员健康的影响。此外，现场设置有劳动者驿站等设施，提升施工人员的工作生活环境品质，关爱施工人员的身心健康。

绿色建筑运营管理是确保绿色建筑持续、高效运行的关键，通过采用可持续发展的理念，对建筑功能和设备进行日常维护和绿色管理（图6-6），实现节约能源、保护环境和与自然和谐共生的目标。酒店的绿色建筑运营管理需要从多个方面入手，建立完善的管理体系和运营计划，注重细节控制和管理，加强人员培训和教育，以及开展有效的宣传活动等。只有这样才能真正实现酒店的绿色建筑运营管理目标，提供更加优质、舒适、环保的服务。

绿色建筑的运营管理是实施、检测运营数据、效果评估、数据分析、方案改进、再实施的循环过程。酒店的运营方是一家大型专业的酒店管理公司，致力于不断追求卓越管理和精湛服务，接待过众多国家元首、政府首脑及高级别的贵宾，承办了众多具有影响力的国际会议，在酒店已有绿色建造的基础上提供更优质、舒适的服务。

图6-6 优质的绿色建筑运营管理

2. 新型的绿色建造技术

深圳湾区生态国际酒店项目采用的模块化集成建筑技术具有高度工业化、集成化的特点，是一种新型的绿色建造技术，推动了建筑行业实现绿色建筑和可持续发展。模块化集成建筑技术可实现90%以上的部品化率，大部分的建筑组件和设备都在工厂内完成预制生产，实现结构、装修、设备一体化，然后再被运输到施工现场进行组装；工厂生产时材料浪费减少约25%，现场施工的建筑废料、噪声、粉尘等污染显著降低；工厂生产变高空作业为平面流水作业，提升了效率和品质；现场施工和工厂生产同步进行，项目工期节省50%以上；安装便捷，可根据需求灵活拼装，也可拆卸二次利用。

1）节材与材料资源利用技术

高分子自粘胶膜防水卷材：无功能地下室底板防水采用高分子自粘胶膜防水卷材，可节省材料，减少施工工序，缩短工期，易于修补。

单元式幕墙：外立面大部分采用插接式单元式幕墙，场外加工减少了材料浪费，装配化施工减少了焊接量，提高幕墙使用周期。

盘扣式支撑架：变电站等混凝土框架结构模板支撑（附属用房、变电站）采用盘扣式支撑架，与其他支撑体系相比，搭拆工效高、材料损耗低，在同等荷载情况下，材料可以节省1/3左右。

免支模钢筋桁架楼承板：钢框架结构主体楼板采用钢筋桁架式组合楼承板，节材、环保，免去大量临时性模板，钢筋绑扎方面对比常规方式降低钢筋损耗约0.3%。

2）节水与水资源利用技术

混凝土养护节水：混凝土养护使用薄膜覆盖养护替代传统洒水养护，薄膜的保水效果显著，可周转使用，提高了混凝土的早期强度，缩短了养护周期，大大节约了水资源。

其他节水技术：施工现场喷洒路面、绿化浇灌采用节水型喷灌设备。现场机具、设备、车辆冲洗用水设立循环用水装置。施工现场办公区、生活区的生活用水、项目临时用水应使用节水型产品，安装计量装置，采取针对性的节水措施。

3）节能与能源利用技术

变频节能机械设备的应用：施工中采用带变频技术的节能施工设备，

如变频塔式起重机及施工升降机、变频衡压消防水泵等的应用；采用效能高的其他设备，如高效逆变式电焊机、高效手持电动工具等的应用。

其他节能技术应用：施工现场采用 LED 节能灯带替代传统照明，办公生活区采用低压 LED 照明产品，两种照明产品具有高效、省电、寿命长、无辐射、节能、环保、冷发光等特点。

4）节地与施工用地保护技术

施工总平面合理布置：施工现场布置实施动态管理，根据工程进度分阶段对平面进行调整。总平面布置做到科学、合理，充分利用原有建筑物、构筑物、道路、管线为施工服务。施工现场仓库、作业棚、材料堆场等布置尽量靠近已有交通线路或即将修建的正式或临时交通线路，缩短运输距离。

临时用地保护：对场地平整及土方开挖施工方案进行优化，依据施工现场地势等情况，依据挖填土方均衡的原则，尽量减少土方开挖、外运及回填等工作量，最大限度地减少对土地的扰动，保护周边自然生态环境。

5）环境保护技术

项目环境保护通过综合利用透水铺装、绿色屋顶、下凹绿地、雨水花园、雨水收集回收利用设施等措施，场地径流系数达 0.66，实现年径流总量控制率 58% 的目标。具体实施措施包括：

道路广场部分区域采用透水铺装，按照铺装材料可分为砂基透水砖铺装、透水水泥混凝土铺装和透水沥青混凝土铺装以及嵌草砖等。透水铺装相较于普通铺装路面，透水效率高，表面光滑致密，外观美观，可有效地去除下渗雨水中的水中悬浮物，去除率达到 95% 以上。下沉式绿地的下沉深度应根据植物耐淹性能和土壤渗透能力确定，一般为 100 ~ 200 毫米；下沉式绿地内一般应设置溢流口（如雨水口），保证暴雨时径流的溢流排放、溢流口顶部标高一般应高于绿地 50 ~ 100 毫米。对于现场未进行硬化、未覆绿的裸露土体拉设绿网进行覆盖。

此外，国际酒店整体按照国家二星标准绿色建筑进行规划设计，结合当地的环境和资源条件，包括气候、地理位置、文化和资源等，以确保建筑与环境和当地社区更好地融合，充分考虑了平急转换的功能需求，采用单元化的酒店客房划分，能够灵活调整和适应不同的情况，兼顾平急两用的需求。在模块化建造的方案设计阶段提前统筹设计、构件部品部件生产运输、施工安装和运营维护管理，推进产业链上下游资源共享、系统集成和联动发展。此外，充分利用信息化、智能化技术对实施路径进行规划，通过 BIM 带动各参与方进行协同策划,提高效率,减少错误,降低浪费。

　　在建筑的模块化设计阶段,由于模块单元是一种高度集成化的单元,可以在设计阶段更好地适应 BIM 的正向协同设计(图6-7)。通过 BIM 技术,可以实现建筑、结构、机电、装修等专业之间的信息共享和协同设计,从而提高设计效率和准确性。整体设计基于 DfMA 的理念,强调将设计与制造相结合,以提高生产效率、降低成本并提高工程质量,综合场地空间、建筑本体和生产与装配,通过高度标准化提高工程的品质和降低生产、运维成本。模块单元采用一体化精装修技术(图6-8),不但实现了管线分离,

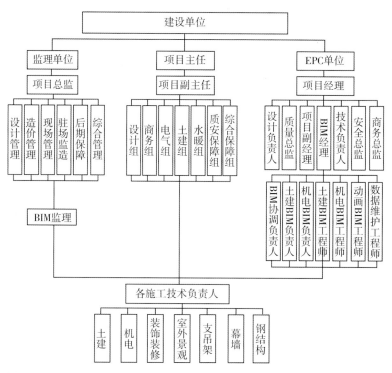

图6-7　基于 BIM 的绿色建造规划组织架构

图6-8　一体化精装修技术——集成卫浴和单元式幕墙

还大大减少了现场装修作业量，其中集成卫浴和单元式幕墙的应用不仅极大地提高了酒店的内在和外在的居住舒适性，还提高了施工效率和质量，同时降低建筑后期维护成本。

在模块化生产阶段，工厂基于分布式的模块箱体生产技术，通过 BIM 技术和 MES 实现九大模块化钢箱生产工厂、五大一体化精装修工厂的协同作业，基于 BIM 模型进行协同设计和优化，从而更好地实现高效生产。通过生产 – 设计协同作业、基于 MES 的精细化生产管理以及自动化钢箱生产流水线和自动化装修生产线，项目实现了精益生产、智能制造，在标准化作业的基础上进一步提高原材料的利用率和减小固废的排放。

在模块化施工阶段，模块单元的运输通过 MES 和智慧工地系统实现跨区域联动，利用可视化、信息化的技术提升了运输的效率，并实现了进度的精细化把控。模块化施工采用吊装 – 拼装模式，这种简单而快速的建造模式一方面减少了施工器械的使用量，降低了成本，减少了现场粉尘，增大了作业空间，保障了施工安全，另一方面避免了大量湿作业、现场焊接和螺栓连接工作，显著减小了现场用工量，有利于精益化施工组织管理的推进，高效实现了小于 200 吨 / 万平方米建筑垃圾产生量的目标。

在模块化建造的全过程中，通过 BIM、MES、智慧工地等技术的综合应用，实现了模块化建造全过程的统筹管理。通过 AR、VR 等进行可视化设计交底大幅度减小了生产、施工的返工率，生产、施工信息的传输反馈提高了模块化设计的可实施性和精细化程度，全产业链人机料法环（人员、机器、原料、方法、环境）的信息化、智能化管理有效促进了项目的实施效率，提高了工程整体品质。

第三节　建筑废弃物减量管理

1. 减量目标与总体策划

项目建筑废弃物减量化及综合利用总体策略，将遵循"3R＋三化"的原则，其中，3R 原则指的是减量化（Reducing）、再利用（Reusing）和再循环（Recycling）三种原则。项目遵循 3R 法则、循环经济理念，依次按减量化、再利用、再循环的优先级实施废弃物管理：首先倡导从设计、施工的技术方案和管理措施出发，避免废弃物产生；其次对现场废弃物按无机非金属、金属、木材、塑料、有害和其他等六类分类收集，采用修复再利用、资源化回收再利用、再循环；对有害物实行无害化专业处理，达到减量化、资源化、无害化的"三化"治理要求。

在本项目中，建筑废弃物 3R 原则重要性的先后顺序为"减量化 ＞ 再使用 ＞ 再循环"。首先重点考虑减量化原则，开展减量化设计，通过应用模块化集成建筑技术、DfMA 技术、钢结构装配式建筑设计、永临结合等，从源头上减少建筑垃圾的产生。其次考虑再使用原则，采用可周转临建、周转材料修复技术等，实现设施、材料以初始形态实现再利用。最后考虑再循环原则，通过对废弃桩头等建筑垃圾资源化处理，实现再利用。

项目建筑废弃物减量化及综合利用总体策略主要可以分为三个方面。

（1）源头减量

一方面，利用先进管理手段对建筑物料的现场需求量、使用时间、运输进行精细化管理和统筹，避免过量运输。另一方面，对建筑垃圾的产生源头、种类、数量、产生时间进行分类统计和跟踪，识别源头减量的机会。

（2）分类管理

在项目现场设置建筑垃圾、生活垃圾分类收集和储存的设施，避免垃圾混放，为最大化回收利用建立基础。同时，为危险废物建立专门的收集设施，必要时进行二次防护，避免油漆等液体渗漏。

（3）回收利用

对于可回收利用的建筑废弃物，可以与本地其他项目工地进行联合调度，例如回用模板、木方等材料。此外，项目组将研究与景观、道路、水土保持等工程施工结合，将建筑垃圾加工成的骨料、木制品等进行利用，将其制成新型景观及设施，实现建筑废弃物的资源化再生利用（图 6-9）。

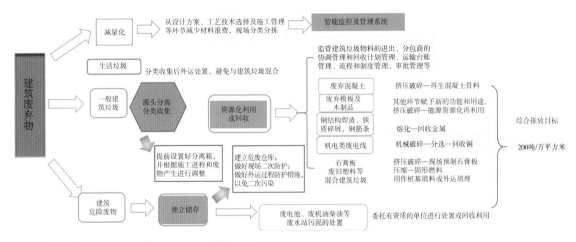

图 6-9　本项目建筑废弃物减量化及综合利用总体策略

2. 技术路线与建造技术

在建造过程的前期设计阶段，建筑设计采用最新装配式技术装配式模块化建筑、钢结构装配式建筑方案，利用面向制造安装的设计 DfMA 理念，运用 BIM 设计方式，从设计端入手尽量采用工业化手段，在加工和施工环节实行精细化管控，优先从源头上减少现场废弃物产生，从而达到减少建筑垃圾总量、节约资源、保护环境的目的。

1）模块化集成建筑建造技术

模块化集成建筑技术的减量化设计体现在以下三个方面：

（1）通过采用工厂预制化生产，使得 80% 以上的工序在工厂完成，废弃物在工厂集中处理，与现场施工相比可降低 70% 以上的建筑废弃物排放，从源头上避免现场废弃物产生。

（2）减少施工过程中约 25% 的材料浪费。

（3）因为模块化集成建筑大部分构件均采用标准化连接，可重复拆卸再利用，构件二次使用率均在 90% 以上。因此，模块化集成建筑技术显著降低了施工现场的固废、噪声、粉尘等污染，是典型的绿色低碳建造方式，进一步赋能"碳中和、碳达峰"。此外，在本项目中模块化集成建筑还具备快速建造的优势。

2）装配式混凝土预制件建造技术

基于 DfMA 方法，利用装配式建造技术，尽量工厂预制，减少现场废弃物。

对于国际酒店 7 层建筑，在走廊使用预制走廊板、预制楼梯等预制构件，降低了混凝土损耗，避免了现场湿作业，降低了废弃物混凝土和废弃水泥浆体的产生。

对于 18 层建筑，则采用了钢结构装配式技术。在机电安装和装修环节，也同样尽可能采用装配式技术，不仅提升了安装的效率，也减少了现场装饰材料的消耗量，大大减少了现场建筑废弃物的排放。

3）钢结构装配式工厂化加工技术

在工厂对钢结构进行集中化、机械化加工（图 6-10），不仅可以避免堆积传统结构现场产生的钢筋、模板、混凝土废料，还可以同步降低原材料加工的损耗率。而所使用的主要原材料钢材属于可回收绿色建材，再利用率高达 90%。

图 6-10　钢结构装配式工厂化加工技术

4）装配式装修技术

通过快装墙面系统、轻质隔墙系统、集成吊顶系统、架空地面系统、快装地面系统、快装给水系统、薄法排水系统、集成卫浴系统、集成门窗系统等装配式装修技术，实现了管线与结构的分离，减少了装修过程中出现的质量通病，摆脱对传统手工艺的依赖，提高了装修施工效率，降低了用工需求，在工艺上避免产生建筑废弃物。

5）BIM 辅助设计和施工技术

应用"BIM、VR、AR"等 BIM+ 系列智能建造技术对主体结构、机电安装、装饰装修等工程做深化设计和辅助施工，达到最小或最优的材料投入量，提高工厂生产和现场施工的精度。通过 BIM+ 系列技术的辅助室内设计，AR 辅助建筑检查，激光扫描缺陷，使设计和生产最大限度地紧密结合。

利用智能工厂和智慧工地，可显著提升加工和安装精度，减少错漏碰撞、拆改返工，可降低材料损耗 20% 以上。以 18 层楼钢结构建筑为例，设计组建立了项目钢结构 BIM 模型，利用模型导出钢构件排版及下料图，保障每块钢板利用率不低于 90%，最大化利用原材料。

6）标准化临建设施循环利用技术

对临时建筑（如项目办公楼、模块化展厅、箱式板房、钢结构装配式围墙等）多使用模块化临时建筑、集成化展厅、箱式板房、钢结构装配式围墙等临建产品（图 6-11）。这些产品采用标准化设计和建造，快速拆装，运输方便，可以重复循环使用，从而显著减少建造和拆除废弃物，实现循环经济。

图 6-11　标准化临建设施

7）路基箱应用技术

在项目 B 地块临时道路采用钢结构骨架的路基箱。一方面，钢板路基箱是一种可持续产品，钢板使用过后，经过一定维护、修复可重复利用，过了使用年限后，还可回收再利用，减小能源的消耗率；另一方面，减少混凝土临时道路，降低了对混凝土原材料的需求，进而减少建筑垃圾。

3. 系统化管理措施

1）建筑废弃物来源及处理措施

在"霍尔系统理论三维结构法建筑垃圾现场分类技术"对建筑废弃物进行"五分法"的基础上，项目在不同施工阶段，分析主要潜在建筑废弃物的来源，并根据材料的特性不同，将其分为无机非金属、金属、木材、塑料、有害和其他六大类（"六分法"），结合物料管理预估产废量，制定针对性处理措施。

2）建筑废弃物分类收集方案

项目建筑废弃物分类管理方案主要按以下 4 步走：

（1）基于建筑垃圾"六分法"分类技术提出适合本项目现场建筑废弃物分类管理方案、保证措施、日常运行检查评价及标准。

（2）施工现场根据建筑垃圾"六分法"分类技术设置对应分类垃圾池，适用于现场建筑废弃物分类堆放、运输、处理。设计建筑废弃物分类标识等。

（3）办公区、生活区的生活垃圾，按照"可回收垃圾、餐厨垃圾、有害垃圾、其他垃圾"4类设置对应的垃圾桶，进行分类存放、运输、处理。设置"六分法"分类建筑垃圾池。

（4）全周期、分阶段、分类别建筑垃圾减量化管理，并制定针对性管理制度。

3）建筑垃圾管理措施

在保证质量、安全等基本要求的前提下，项目的工程建设通过科学管理和技术进步，最大限度地节约资源与减少对环境负面影响的施工活动，实现四节一环保（节能、节地、节水、节材和环境保护）。

（1）加强建筑施工的组织和管理工作，提高建筑施工管理水平，减少因施工质量原因造成返工而使建筑材料浪费和产生大量垃圾。加强现场管理，做好施工中的每一个环节，提高施工质量，有效地减少垃圾的产生。

（2）加强施工现场施工人员环保意识。如果施工人员注意就可以大大减少施工现场建筑垃圾的产生量，例如落地灰，多余的砂浆、混凝土、三分头砖等。在施工中做到工完场清，多余材料及时回收再利用，不仅利于环境保护，还可以减少材料浪费，节约费用。

（3）推广新的施工技术，避免建筑材料在运输、储存、安装时的损伤和破坏所导致的建筑垃圾；提高结构的施工精度，避免凿除或修补而产生的垃圾；避免不必要的建筑产品包装。

4）建筑废弃物分类管理制度

为保证建筑废弃物现场分类管理有效实施，提高减量化、资源化、无害化水平，项目组还将建立建筑垃圾分类处理长效管理机制和分类管理制度，由环保主任专人负责，各相关部门协同统筹实施。建筑废弃物分类管理制度主要包括废弃物分类技术管理、实施管理、监督管理和处置管理的制度，从而逐步提高建筑垃圾分类日常运行和管理水平。

废弃物分类技术管理制度由技术部门制定，主要明确废弃物分类原则、废弃物的分类交底、过程信息收集与统计分析和应用总结。废弃物分类实施管理制度由工程部门落实，并配合做好前期现场建筑垃圾储存方案策划，指导分包单位落实建筑废弃物分类相关要求，配合资料收集、分类处置等。废弃物分类监督管理制度由安环部门落实，负责监督过程中的落实情况，以保证建筑废弃物分类有序进行。废弃物分类处置管理制度由物资部门落实，确认建筑废弃物消纳资源及消纳运输车辆，并按照方案中建筑废弃物分类进行分类处置。

5）建筑废弃物分类管理制度

（1）废桩头和渣土。对于地基工程中产生的废桩头进行破碎处理，将破碎后获得的碎骨料用于场区道路垫层。将破碎后的废桩头用于路基填筑，不仅可以实现工程渣土的资源化再利用，减少对生态环境的影响，还能较好地解决回填土料远距离运输的困难，在一定程度上可以大大降低工程施工成本。对于工程渣土，根据地质情况、开挖回填方案及项目进度计划，精确计算场地挖方、填方量，前期地下室开挖土方用于场平，无需外运，减少后期室外工程土方回填量。

（2）废弃混凝土等无机非金属废弃物。将废弃混凝土、废砖等无机非金属废弃物破碎处理至目标粒径范围的再生骨料，作为粗骨料用于路基垫层等，也可以替代天然砂石骨料用于生产混凝土、砂浆等，还可通过压实、养活形成水泥稳定碎石层（简称水稳层）。将破碎得到的骨料进行筛分、颗粒整形、超细粉磨、压制成型等工艺技术进行处理。利用粉煤灰、煤渣、煤矸石、尾矿渣、化工渣或者天然砂、海涂泥等一种或多种工程垃圾作为主要原料，还可以制备再生免烧砖、蒸压轻质混凝土（Autoclaved Lightweight Concrete，ALC）再生板、无机人造石、预制构件、路基材料等水泥制再生建材产品。

（3）金属类废弃物对于废钢材、废钢筋、钢渣、废铁丝、废电线等金属，可集中打包送至专业的加工厂，回炉提炼高强度钢材。

（4）木材类废弃物对于木模板和木方等木材，利用修复技术增加其可循环利用周期；对无法修复的废旧木材集中送至回收厂作为造纸原料和纤维板或人造木材原料。

（5）塑料类废弃物。对于废旧塑料类废弃物，集中送到专业的加工厂，用作再生料、燃料。

（6）有害类和其他类废弃物。对有害类废弃物送至专业处理机构进行无害化处理。对其他废弃物集中运送至废弃物回收厂。

4. 减量效果——装配4.0技术打造减量标杆

测算方法：根据项目各种材料的用量，结合工程量消耗定额和对项目实际情况的分析，确定材料损耗率，进而测算废弃物产生量，进一步结合各类废弃物回收利用技术等估计其回收利用率，从而计算出最终排放量（表6-1）。

表 6.1　A 地块和 B 地块的建筑废弃物的预估排放量

区域	原材料名称	用量 / 吨	损耗率 /%	产生量 / 吨	回收利用率 /%	最终排放量 / 吨
A 地块	钢筋	1251	2.5	31.275	95	1.56
	钢构件（焊渣）	3224	0.1	3.224	95	0.16
	混凝土	37383	2	747.66	85	112.15
	砂浆	2340	2	46.8	85	7.02
	砂、碎石、种植土	3354	7	234.78	85	35.22
	混凝土制品（含管桩）	10960	1	109.6	90	10.96
	无机墙板	1270	5	63.5	50	31.75
	金属面板	268	4	10.72	90	1.07
	木模板	45	30	13.5	90	1.35
	涂料 / 胶	794	5	39.7	40	23.82
	墙面保温材料	319	5	15.95	35	10.37
A 地块	其他（含包材）	100	5	5	20	4.00
B 地块	钢筋	19032	2.50	475.8	95	23.79
	钢构件（焊渣）	16054	0.1	16.054	95	0.80
	混凝土	620369	2	12407.38	85	1861.11
	砂浆	38952	2	779.04	85	116.86
	砂、碎石、种植土	65885	7	4611.95	85	691.79
	无机墙板	21236	5	1061.8	50	530.90
	金属面板	2572	4	102.88	90	10.29
	木板	1816	30	544.8	90	54.48
	涂料 / 胶	4585	5	229.25	40	137.55
	墙面保温材料	3063	5	153.15	35	99.55
	其他（含包材）	200	5	10	20	8

　　A 地块、B 地块和项目废弃物排放量测算结果，如表6-2所示。不难看出，在 A 地块由于采用模块化集成建筑技术，具有工业化程度高的优势，项目现场材料使用和消耗量显著降低，从而从源头上减少了建筑废弃物的产生。整个项目建筑废弃物预估排放量为 149.7 吨 / 万平方米，其中排放量占比较大的废弃物主要是混凝土等无机非金属类废弃物。

表 6.2　项目单位面积建筑废弃物预估排放量

原材料名称	A 区估计排放量 / 吨	B 区估计排放量 / 吨	项目总体预计排放量 / 吨	排放量占比 /%
钢筋	1.56	23.79	25.35	0.67
钢构焊渣	0.16	0.80	0.96	0.03
混凝土	112.15	1861.11	1973.26	52.28
砂浆	7.02	116.86	123.88	3.28
砂、碎石、种植土	35.22	691.79	727.01	19.26
混凝土制品	10.96	—	10.96	0.29
无机墙板	31.75	530.90	562.65	14.91
金属面板	1.07	10.29	11.36	0.30
木模板	1.35	54.48	55.83	1.48
涂料 / 胶	23.82	137.55	161.37	4.28
墙面保温材料	10.37	99.55	109.92	2.91
其他（含包材）	4.00	8.00	12.00	0.32
合计排放量	239.4	3535.1	3774.5	100.00
排放水平（吨 / 万平方米）	30.9	202.5	149.7	—

结语

　　深圳湾区生态国际酒店项目在模块化建造的全过程中，通过 BIM、MES、智慧工地等技术的综合应用，实现了模块化建造全过程的统筹管理。通过 AR、VR 等进行可视化设计交底大幅度减小了生产、施工的返工率，生产、施工信息的传输反馈提高了模块化设计的可实施性和精细化程度，全产业链人机料法环的信息化、智能化管理有效促进了项目的实施效率，提高了工程品质。

　　此外，项目将建筑废弃物资源化、无害化等绿色及可持续发展理念贯穿整个设计、施工过程，在建造方式的选择、建筑废弃物的产生源头、产生后的分类处理处置、资源化回收利用等环节充分论证，通过设计选材、工艺技术及配套、管理措施等方面，贯彻绿色施工、绿色建造理念，实现了减排目标。

下篇　管理篇

第七章 IPMT 模式项目管理

第一节 IPMT——一体化项目管理

1. IPMT 概念

IPMT 即 Integrated Project Management Team，指"一体化项目管理团队"。"一体化项目管理"的理念发源于 1980 年代的大型跨国能源工程公司（如美国 FLUOR、挪威 KVAERNER 等），是指投资方与工程项目管理咨询公司按照合作协议，共同组建一体化项目部，并受投资方委托实施工程项目全过程管理的项目管理模式。"一体化"即组织机构和人员配置的一体化、项目程序体系的一体化、工程各个阶段和环节的一体化，以及管理目标的一体化。

一体化项目管理以提高工程项目管理专业化水平和效率、降低管理成本为核心，运用先进的管理理论和技术，结合项目的特点，实现管理方与投资方在各方面资源优化配置，从而保证项目目标的达成，同时最大可能地实现项目的增值与项目费用的节省。一体化项目管理除了以上优点之外，其控制职能也不可被忽略，主要体现在以下四个方面：质量控制、费用控制、计划进度控制、健康安全环境三位一体管理（Health Safety Environment，HSE）控制，极大程度地保证了项目的稳步推进与精准管控。

随着科学建设管理的普及，IPMT 模式项目管理越来越多地被应用于国内外各种较为复杂的项目管理中，在实现人员、方案和资源的最优配置上发挥了重要作用。

2. 项目 IPMT 组织体系

IPMT 是一个跨部门虚拟组织，成员来自各大职能部门高层，涉及建设单位、项目管理单位、施工承包商、建筑方以及监理方。各方结合自身的团队优势，打造一支专业化的项目管理团队。其组织架构通常分为三层：决策层、管理层、执行层。

深圳湾区生态国际酒店项目中，IPMT 的组织架构分为决策层、管理层、执行层三个层级以及 EPC 总承包单位项目部、监理单位项目部两个延伸体系。延伸体系主要为现场一线的执行工作，按照职能分工，压实责任落地。国际酒店 IPMT 管理架构为矩阵式，纵向为项目管理，横向为专业管理。纵向项目管理层面，依据事务重要度，实现层级管理与联动；横向专业管理层面，按照职能分组匹配、多线并行，实现专业化管理，不留盲区。管理体系充分体现一体化管理、专业化管理、高效率管理、高质量管理、扁平化管理、标准化管理。

3. IPMT 管理

IPMT 项目管理层全面把控工期进度、质量安全等各项工作。在现场管理方面，督促指导 EPC 总承包和监理单位完善楼栋长负责制，强化责任落实，加强对分包单位、材料设备供应商的指挥调度；督促指导 EPC 总承包单位加强科学管控，细化管理颗粒度；明确 EPC 总承包单位驻场指挥的主要负责同志，提级调度，整合资源，加大劳动力投入；利用甘特图、形象进度曲线图，"红黄蓝""盯关跟"，加强工期进度的把控，利用工序工作面矩阵图加强工作面的统筹；合理安排白班和夜场资源，既提高功效又降低成本；建设单位主动约谈长期稳定合作的分包单位，准备可以随时调度的优质劳动力资源。

在合同管理及民工工资管理方面，IPMT 督促指导 EPC 总承包单位由公司领导挂帅成立合同管理专班，梳理规范各类分包合同，堵塞法律漏洞，解决制约合理组织劳动资源的关键问题。加强工人实名制管理，实行"两周一结"工资结算制度，建设、监理单位监督工资支付，确保员工工资按时支付，防止恶意欠薪影响项目快速推进。

在质量管理方面，IPMT 督促指导 EPC 总承包单位明确责任，加强现场质量安全分区分栋管控，确保各项措施落实到位；建设单位会同监理单位组建现场质量安全巡查队，早、中、晚一天三巡，动态研判、及时发现可能出现的质量安全风险和问题。督促指导 EPC 总承包单位成立现场文明施工队和现场隐患整改行动队，对发现的问题立行立改，完善安全工作条件，提供良好的工作环境，既提质提效又确保安全。

在技术管理方面，IPMT 督促指导 EPC 总承包单位、监理单位分别组建技术专班，加强危大工程的技术方案审查、技术交底把关，全程监督指导拆除拆塔等高危作业，采取一系列措施加强交通和消防安全。建设单位牵头成立质量安全攻坚小组，开展结构、功能、防水、观感等事项的全面梳理、检测检验，及时防范系统性质量问题，减少质量通病。编制钢结构、防渗漏等关键分项施工指引，排查整改结构安全、屋面防水、幕墙拼缝、室内打胶、空气质量等隐患，不留死角。

第二节　IPMT 模式项目管理成效

1. 多主体统筹协调管理

良好的组织管理架构、顺畅的沟通机制是高效管理和决策的前提条件，也是确保工期的关键。

在组织架构方面，IPMT 模式集决策、管理、执行于一体，采用三层联动组织架构，做到纵向贯通、横向协调，大幅提升了管理效率。项目的 IPMT 整合各方资源行动一致、共同推进，建立了高规格的项目建设专班协调 26 个相关部门和单位，EPC 总承包、监理等参建单位抽调精兵强将组建现场团队，扁平化管理使项目现场有决策权，矩阵化管理减少了沟通成本提高工效。在组织管理方面，IPMT 实行了"三线并行、三级联动、矩阵式推进"的管理模式，采取建设单位管控、EPC 实施、监理协调监管的三线并行机制，充分发挥"IPMT 团队 + 项目指挥部 + 施工现场"三级联动的管理优势，实现了组织架构一体化、设计采购施工一体化、管理流程和管理目标一体化，科学、高质、高效统筹推进。在工程管理方面，实践证明，建设单位、监理单位、EPC 总承包单位的专业技术人员以专业组为单元，打破管理、设计与施工之间的壁垒，消除单位之间的屏障，组成 IPMT 组织管理体系是十分高效的。各单位技术人员按专业大类（如建筑组、水暖组、电气组）组建集成的技术管理团队，建设单位主管工程师担任组长负责决策，监理单位专业工程师担任执行组长负责具体工作运转及决策咨询。此种组织模式改信息串联为并联，信息同步到达、同步获取，不缺失、不迟到，缩短了沟通路径，管理极致扁平化，极大地提高了沟通协调效率。IPMT 专业组和集成管理模式优势明显，但也需要注意两点：一是专业组的划分不宜过细过多，以提高决策集成度，减少管理难度和专业间壁垒；二是专业组内部的设计及施工管理虽然能"一竿子插到底"，但各组之间的联系较为薄弱，必须设置责任人串联各组以织密信息网络。

2. 全过程进度计划控制

在 IPMT 的组织管控下，重大问题递交专班解决，次重大问题由项目指挥部解决，一般问题由项目管理组解决。决策有效，管控有序，责任明确，流程有效，项目推进迅速，没有发生因为重大问题决策上的延误和失误。相关部门高度重视，组织专业工程师开展专业化管理，满足了项目快速建造需要的迅速决策、科学决策需求。同时得益于抢险救灾项目的政策引领，部分建设手续在开工后完善，各有关部门在职权范围内依法对相关审批程序予以简化，节约了报批报建和设计周期。

3. 全方位资源优化配置

项目择优选择综合实力强的 EPC 总承包单位和监理单位，优化配置 IPMT、EPC 和监理的全方位资源，融合各方管理经验，实现技术优势互补。建设单位的管理模式与 EPC 总承包单位在建筑工业化、智慧建造等领域的专有技术优势、监理单位的管理优势和类似工程经验充分结合，对项目的成功建设发挥了至关重要的作用。选择大型骨干企业进行 EPC 管理，充分发挥 EPC 单位的资源集结能力和管理效率，减少建设单位压力。通过设计采购施工一体化，实现前后期工作的无缝对接。对于 EPC 单位的弱项，IPMT 组织管理体系发挥"帮""扶"效能，可弥补 EPC 单位的不足，极大地深化了管理效果。项目的监理工作承担了包括设计管理、招采管理、合约管理、投资管理、综合管理、报建管理、驻厂监造、工程管理（含监理）、信息管理等九大工作模块。监理单位的工作既对接了建设单位项目组，也对接了 EPC 六大工作组，横向协同办公为项目推进发挥了监理加咨询的显著作用，如组织召开各类项目管理及技术会议，承担了全部驻厂监造任务，为优化设计贡献了专业化设计咨询的力量，在商务管理过程中起到了第三方把关的作用。在信息化管理方面，监理单位编制专题报告，传递建设动态，预判项目风险，为高层决策提供依据；在综合管理方面，监理单位组织参观交流，学习型组织建设和党建＋管理等，为质量、安全、进度、环境等目标管理保驾护航，极大地发挥了第三方专业咨询的作用，为项目建设贡献了智慧和能量。

第八章 EPC 总承包模式运营

第一节 EPC—— 一体化项目承包

1. EPC 概念

EPC 即 Engineering Procurement Construction，即设计—采购—施工一体化。EPC 通常指投资方仅选择一个总承包商或总承包商联合体，由总承包商负责整个工程项目的设计、设备和材料的采购、施工及试运行，提供完整的可交付使用的工程项目的建设模式。EPC 模式适用于规模较大、工期较紧且具有技术复杂性的工程。

我国现行的《中华人民共和国建筑法》第二十四条规定："提倡对建筑工程实行总承包，禁止将建筑工程肢解发包。建筑工程的发包单位可以将建筑工程的勘察、设计、施工、设备采购一并发包给一个工程总承包单位，也可以将建筑工程勘察、设计、施工、设备采购的一项或者多项发包给一个工程总承包单位；但是，不得将应当由一个承包单位完成的建筑工程肢解成若干部分发包给几个承包单位。"

相比于其他建设模式，EPC 模式的优势在于能有效缩短建设周期，提高项目投资的经济效益，强化对项目的质量、进度、成本等方面的把控。这是因为 EPC 模式具有以下特点：

（1）采用固定总价合同。EPC 合同采用固定总价合同，即项目最终的结算价为合同总价加上可能调整的价格。一般情况下，建设单位允许承包商因费用变化调整合同价格的情况很少，只有在建设单位改变施工范围、施工内容等情况下才可以进行调整。所以 EPC 模式对承包商的报价能力和风险管理能力提出了很高的要求。在实际操作中，为了合理控制总价合同的风险，EPC 模式一般适用于建设范围、建设规模、建设标准、功能需求等明确的项目。

（2）由建设单位或委托建设单位代表管理。项目在 EPC 模式下，建设单位主要通过工程总承包合同约束总承包商，保证项目目标的实现。在此种模式下，建设单位自身的管理工作很少，一般自己或委托建设单位代表进行项目管理。在正常情况下，建设单位代表将被认为具有建设单位根据合同约定的全部权力，完成建设单位指派的任务。对于承包商的具体工作建设单位很少干涉或基本不干涉，只对工程总承包项目进行整体的、原则的、目标的协调和控制。

（3）在 EPC 模式下承包商承担了大部分风险。工程总承包企业承担了大部分的责任和风险，总承包商需要对项目的安全、质量、进度和造价全面负责。

深圳湾区生态国际酒店采用了创新的"5+3"工程项目管理模式。这一管理模式获得了国家科技进步二等奖，并在当前项目中得到了充分体现。

"5+3"管理模式意味着将工程项目管理系统的职能和目标细分为五个关键要素，即进度、质量、成本、安全和环保。流程保证体系、过程保证体系和责任保证体系这三个体系，在微观、细观和宏观层面上确保五个要素的平衡和统一。

2. 强化设计在 EPC 的先导作用

1）组建精干的设计团队

深圳湾区生态国际酒店项目统筹内部资源，组成一支经验丰富的设计团队。这支经验丰富的设计团队具备开展建筑设计领域的全部资质，设计能力卓越，为项目的成功实施提供重要的技术支持。在项目设计过程中，各团队按地块和专业划分，组织精干力量进行分工协作，以确保项目的顺利进行。为了确保项目的专业性和高质量，设计团队还特别聘请了钢结构、装配式等各领域的权威专家作为项目的咨询顾问。他们的专业知识和经验为项目提供宝贵的建议和指导。为了提高工作效率并确保项目的顺利进行，设计团队组织了超过 60 名具有丰富经验的专业设计师常驻现场，以便随时解决现场设计与施工技术问题。他们 24 小时不间断地提供技术咨询服务，确保现场工作的高效运行。

2）应用先进的设计理念

在设计过程中，深圳湾区生态国际酒店项目注重满足快速建造的需求，并采用 DfMA 设计理念，在确保产品功能、外观和可靠性的同时，通过标准化集成设计，提高了产品的可制造性和可装配性。从方案阶段到竣工交付全过程，项目正向应用 BIM 设计，减少错漏碰缺，缩短设计时间。设计方将模型、信息数据、图纸图标整合后，传递给生产和施工环节。通过这种方式，设计工作贯穿了生产、施工、交付全过程，从源头上保证了项目的高质量、高效率。

第二节 EPC 总承包模式的成效

1. 以施工进度为主线的设计管理

深圳湾区生态国际酒店项目采用 EPC 工程总承包模式,相较于传统工程项目,能够充分发挥设计引领的优势,遵循主设计生产与设计管理同步开展、设计现场与建造现场二合一的基本原则,设计团队全程驻场,现场信息传递反馈真实而高效,满足极限需求下的设计管理。

设计团队通过以施工进度为主线,根据项目特点和工程承发包模式,摸底设计沟通对象,理清沟通协调的关键点,促进承包单位联合体的设计、制造、施工的技术高度集成、深度融合。设计端牵头不同议题的定案会议,快速锁定专业协同成果,通过专业间的提资与返资仅用 3 天就完成桩基施工图出图,3 天完成立面及精装方案并通过 IPMT 评审,5 天完成首版全专业施工图,7 天完成全专业第二版施工图。

项目采用 BIM 正向设计,提前发现并预警建筑、结构和机电专业设计失误 300 余项,采用基于 DfMA 理念的设计方案,大大缩短了项目的建设周期。项目按照永久建筑设计,多层酒店和酒店分别采用模块化建造技术和装配式钢结技术,结构体系经过院士等多位专家的论证,能够在高于深圳市设防烈度(7 度)的地震下不倒,抵御 14 级超强台风,具有充足的安全余量。项目基于绿色可持续发展、以人为本的理念进行设计,建筑细节充分考虑防疫、防水、保温、隔声等需求,为隔离人员提供高品质的居住条件,达到国家绿色建筑二星标准。

2. 以标准流程为指引的采购管理

项目采用标准化的采购流程和制度,对供应商的资质进行审查,保障采购合法、合规。招采管理主要按照 4 个内容开展,分别是资源摸排、工料机计算、工作包划分和界面划分、分判模式确定及招定标工作。利用 EPC

总承包优势，招采端根据合约分判输出招采方案，设计端根据图纸提供材料和设备参数，施工端拟定各专业进场时间需求，积极参与分供商的考察和定标工作。项目经理牵头形成合约划分表、资源储备表、招标进展总控表，严格按控制表实施，显著提高定标效率。招标采购作为EPC单位最大的交易活动，是审计审查的重点。面对繁杂的资料和复杂的时间逻辑关系，进场第二天项目组即组织采购流程交底，形成"国际酒店项目EPC工程总承包项目招标交底"说明和"国际酒店项目招标资料归集"标准文件归集模板，下发给设计、技术、安监、物资设备等各相关有采购需求的部门，并事先充分考虑各种项目过程中可能存在的特殊情况，确保资料模板的实践操作性，全程没有改动资料模板。项目工程造价管理工作重点定位于服务项目开展。一方面要做好工程分判、物资采购，为项目实施提供资源保障；另一方面通过出具价格指导，实现精益成本管理，为项目进度管理赋能。项目除机电、消防、智能化、市政等部分相关招标外均实行模拟清单招标，清单招标体量达80%，同时在专业工程师协助下出具指导价，在商务管理精益化方面迈出坚实一步。

3. 以资源整合为核心的施工管理

本工程体量大，工期紧促，采用全过程、全空间、全工序紧密穿插施工。施工作业前根据各阶段工期目标，拟定施工部署和实施方案，对分包进场时间、出图进展实施预警。实施过程中对专业间衔接、作业面移交等关键点实施倒逼机制，通过每天的8:00班子会、17:30生产协调会、夜间巡场机制、不定期的专业协调会，做到当日问题不过夜。得益于全组织协同、全方位策划、全资源保障、全专业联动、全过程融合的EPC管控计划，项目成功实现快速建造。

1）分工协作

分工协作是提高劳动效率的基本手段。项目的分工协作主要体现在以下3个方面：

（1）管理人员之间的分工协作。项目实施三维矩阵式管理组织架构，即职能线、专业线和工区线三线互相支撑。在前期设计和招采阶段，以专业线和职能线为主；在分包进场后，统一由工区管理，专业线和职能线工程师入编工区，作为一个管理团队负责工区内所有事宜。职能线工程师、专业线工程师和栋号工程师之间分工明确，互帮互助，遵循栋号长牵头、职能线服务、专业线配合的整体原则。该种模式可以最大限度地发挥各位工程师的能量，为项目管理创造最大的价值。

（2）管理人员与分包方之间的分工协作。在对分包方的管理上，既要按照合约对分包方进行职责约束，也要在重要环节对其进行帮扶支持。不能停留在下达任务层面，需延伸至人员、材料、设备管理，必要时派人驻厂监造，分包人员不足时使用备用资源进行补充。对影响关键工序的问题，采取迅速有力的解决措施，以确保工程顺利进行。

（3）各分包方之间的分工协作。充分发挥各专业工程师的专业能力，从根源上解决各专业之间的界面问题和工序穿插问题，在每日协调会上明确可能会出现的纠纷问题。同时营造利益共同体的氛围，协调各分包方之间的资源共享、经验共享，加快施工进度，提高效率。

2）高效协同

在极限工期下，实现快速建造是整个项目的主要目标，围绕该目标，各条线各专业完成了各项策划，包括钢结构型材型号和板厚的归并、建筑房型的统一、幕墙单元类型的最少化以及使用同一套装修图纸等。这些策划带来一系列积极结果，有效缩短采购周期，提高加工效率，降低安装难度，每个环节之间高效协同，共同实现了工期目标。

3）动态调整

根据本项目周期短、任务重、现场瞬息万变的特点，为适应现场变化，项目方在资源统筹上强调动态调整。

人员管理根据不同阶段的工作任务进行动态调整，例如，在前期设计、技术任务繁重的阶段，各专业工程师参与设计与技术的相关工作；当设计、技术工作基本完成后，现场处于大干快上阶段，会抽调设计、技术管理人员前往现场进行生产、查验管理，一方面提高人员利用率，另一方面可以提高管理人员的综合能力。现场施工遵循"时间不间断，空间全覆盖，资源满负荷，人停机不停"的饱和部署原则。针对现场施工区域大工期紧的特点，分为若干个施工区域独立进行资源配置，同步平行施工。在投入大量机械设备的同时，两个标段高峰期投入劳动力均接近1.3万人。高效的设备及人力资源投入，保证了极限工期的达成。通过周密的部署及全专业工序细化穿插，充分发挥装配式建筑高集成度、高装配率、施工速度快等优势，极大地提升了施工效率及成活质量，保证项目按工期高质量履约。

此外，通过BIM对不同工况的场地布置进行模拟分析，优化平面道路、原材料及构件堆场位置、塔吊和施工电梯等垂直运输最优位置以及数量，通过可视化的展示与沟通，确保现场平面高效运转。在分包管理方面，一方面提前准备"后补梯队",针对机电、幕墙、装修、市政等分包单位可能存在的"掉链子"问题,储备优势候补资源,保证随时补位,即刻进场。另一方面,根据分包阶段性情况,准备"临时突击队",可随时调用,以解决项目临时"用工荒"等问题。

4)建造方式

紧跟建筑业的科技变革步伐,项目推行新型的工业化、绿色化、智慧化、国际化的建造方式。

在工业化方面,深圳湾区生态国际酒店项目采用了装配 4.0 模块化集成建筑技术,确保了 A 地块 7 层酒店的快速构建。此外,项目还全面运用了 DfMA 方法,创新了窗墙系统及室内安装工艺,全面采用了模块化机电和装配式装修,为项目的快速建造提供了技术保障。

在绿色化方面,项目采用了人性化的绿色建筑设计,高度重视满足防疫功能需求。项目实行了"三区两通道"的布置方式,增设了医疗废弃物处理和污水处理等设施,深入实施绿色建造,大力推动建筑废弃物减量。

在智慧化方面,项目实现了全过程 BIM 正向设计及应用,包括机电 DfMA、智慧交通、模块化集成建筑技术深化等,这些应用在国内处于领先地位。项目采用了自主研发的 C-smart 智慧工地系统,依靠"工厂 MES+智慧工地",初步实现了全过程智能建造。项目竣工交付了 182 个 BIM 模型,实现了数字化交付。其中,A-2# 楼还开发了数字孪生 BIM 运维管理平台。

在国际化方面,项目引入了港澳建设团队,部分采用了香港工程建设标准,应用了香港智慧工地等技术,吸取了香港 EPC 工程总承包管理经验。

4. 全面目标管控保障项目成功

1)快速建造进度控制系统

项目的最大挑战在于工期限制。为了应对这一挑战,深圳湾区生态国际酒店项目采取了在时间和空间上最大限度穿插的思路来组织工程建设。

首先,在设计阶段就考虑采用模块化集成建筑、DfMA 等技术,通过应用机电 DfMA、装配式装修等方式,形成了快速建造技术体系,从源头上保证了项目建设的效率。

其次,充分发挥自有工厂的优势,保证工厂生产的稳定性和效率。

最后,通过整合资源调度,项目依托深圳领潮供应链管理有限公司集采平台,实现了各类物资的快速采购,为项目建设的顺利进行提供了重要保障。此外,项目全面运用了 BIM、智慧工地等智慧建造技术,在现场施工方面，通过立体交叉作业的方式，实现了全专业交叉施工，并发明了智慧交通指挥调度系统，解决了场地内交通难题。在管理技术方面，项目系统地应用了投资进度曲线、甘特图、状态图等手段，精确地按小时倒排进度计划，实现了宏观、中观到微观的超细颗粒工期管控。

2）快速建造安全管理系统

项目将快速建造推向极致，工作面24小时全面开花，这给安全管理带来很大挑战，必须做到覆盖全面、及时管控、力度饱和。因此，建立适合快速建造的安全管理系统势在必行。为满足这一需求，项目严格贯彻安全方针，满足安全管理保进度的核心要求。

在此基础上，项目将对"人机料法环"全要素进行安全管控，发挥党建铸魂、科技赋能的作用。通过这些措施，项目旨在实现安全对进度的保障，以及安全与生产的统一。

3）全面质量管理系统

项目的工期要求十分严格，因此，处理好进度与质量的平衡成为一项至关重要的工作。为了满足"质量一流"的建设要求，必须实施全面的质量管理，对设计、工厂和现场进行全过程的质量控制。项目将"5+3"管理模式与项目的实际情况有机结合，创新性地将中海监理有限公司内部的质量管理方法运用于本项目，实行全员参与的质量管控。项目加强技术措施的统筹，创新应用施工质量检查与试验计划，即ITP（Inspection and Test Plans），推行样板代引路的方式，并加强对EPC总包单位的管理，压实其主体责任。项目采用分区一体化、联手管班组的模式，以楼栋为单位划分片区并组成网格，实现三方专业小组人员的深度融合，并下沉管理至作业班组。第三方质量巡查人员入驻现场，采用嵌入式巡查模式，严格控制质量验收环节。

第三节 质量安全进度管控方法

1. 质量管控方法

1）统筹现场管理

为了实现项目质量目标并满足管理需求，项目组采取了样板代引路的做法，并加强对 EPC 总包单位的管理，以此强化主体责任的落实。同时，对质量验收环节进行严格控制，以确保项目的高品质建设。

在管理方面，项目组采取了分区一体化、联手管班组的模式，以楼栋为单位划分片区并组成网格。各方专业小组人员深度融合，将管理下沉至作业班组。此外，第三方质量巡查人员常驻现场，采取嵌入式巡查模式。

2）统筹技术措施

项目组贯彻技术统筹措施，促进设计、制造、施工三方的技术整合，并统一技术质量标准。以施工进度为核心，推动总包联合体成员间的紧密合作，强化沟通协调，提高总包技术集成水平。通过设计管理手段，增强设计的横向、纵向管控，加强对图纸有效版次的管理。

3）创新应用 ITP 模式

施工质量检查与试验计划，简称为 ITP，是一种先进的安全管理模式，通过提炼和扩展现有安全管理手段，专注于重大危险和重大作业的严格把控。该模式强调对关键环节的精确掌握、对实施重点的深度理解，同时设置多道安全防线，实施分级监管，并严格处理任何违规行为。

重大作业风险清单和多专业安全 ITP，通过文件化和标准化的手段，将各项要求明确化和规范化。这将为项目组提供一个统一和规范的标准，进一步推动现场安全管理的标准化。通过这种方式，可以更好地保障各个项目的施工安全，提高整体施工安全水平。

4）强化质量验收管理

加强质量验收管理，严格控制各道工序质量验收，严控内装品质和质量细节，严把箱体出场验收关，研究编制模块化箱体验收方案。以问题为导向，质量问题立项、督办，立办立结，日报日结，责任到人，问责升级。

2. 安全管控方法

1）安全风险研判及分级

项目现场按不同施工阶段，动态识别安全风险因素，确定风险等级。各施工阶段研判项目安全风险并进行专题讨论，提前拟定安全风险防范和应对措施。

2）危大工程方案审查论证和落实核查机制

提前梳理项目的危大工程及其规模级别，针对风险性较大的工程，编制专项安全施工方案，对于风险性较大的施工需详细罗列前置条件清单，共同推动承包单位及时完善风险性较大工程施工前的技术、人员、设备等各项准备工作。成立危险性较大分部分项工程技术审核把关组，对危大工程开工条件验收清单中罗列的事项逐项确认，达到条件后方可施工。

3）以网格化责任制为基础的"楼栋长制"

建立以网格化责任制为基础的"楼栋长制"，根据不同阶段各区域存在的安全风险及风险等级大小，实施清单管理和分级管控，定期检查确认安全生产管理措施落实情况。每个网格项目组、监理、总包三方安全小组人员会同第三方安全评估驻场人员，梳理排查施工现场安全事故隐患。每日召开楼栋长碰头会，对当日的工作情况进行分析，对制约项目进展的障碍及时协调督促清除。

4）多层级安全巡查考核机制

项目组、监理单位、EPC总承包单位、第三方安全单位人员共同成立违章作业纠察队，每日带班巡查安全，组成安全联合小组，开展现场安全巡查。项目组、监理、总包根据安全隐患排查情况及相关安全管理落实情况，设立奖惩考核机制，督促安全管理人员履职履责，及时消除事故隐患。

5）事项销项机制

成立重大隐患整改行动队，对存在的安全文明施工问题，采取立项销项、挂牌督办、立办立结、日报日结的方式，充分应用政府部门工程管理平台，对发现的问题进行立项、跟踪督办、整改销项、流程封闭。

3. 进度保障方法

1）设计源头保障

DfMA 是一种基于模块化结构体系的先进技术。在项目建设过程中，BIM 技术被广泛应用于深化暖通、电气、消防等专业设计。通过这种方式，设备和风管、水管、桥架等管线被集成到相对独立的机电产品模块中，大大提高了生产效率与工程质量。同时，利用工厂机械化设备进行预制生产，为项目的顺利推进提供了有力保障。

2）新型建造支撑

A 地块的多层建筑将采用中建海龙科技有限公司自主研发的快速建造技术，即模块化集成建筑工业化集成建造。模块化集成建筑除具有工业化建造的优势外，还突显了快速、绿色和智慧建造的特点。该技术可在工厂内集成建筑物的结构、内外装饰、机电、给排水与暖通等 90% 以上的元素，只需在现场进行少量工作，如吊装、处理模块拼接处的管线接驳及装饰等。这种方式大量减少了现场作业，缓解了高峰期的资源需求和作业面冲突，初步实现了智能建造。

通过"MES+ 智慧工地"的运用，模块化集成建筑相比常规建造更容易实现全过程智能管理。项目采用 C-smart 智慧工地系统，全天候监控"人机料法环"五要素，实现质量、安全、进度的全周期管理。

在精装修方面，层数较高的客房采用了钢结构 + 装配式装修技术，打造品质与速度均衡发展的样板工程。客房内采用整体集成天花，快速安装，易于更换；地面采用卡扣式块材地板，无需建筑胶水，减少甲醛排放；墙体构造采用管线分离式墙体，均在工厂预制，施工快速且绿色环保；客房内采用 SMC 整体集成卫生间，生产效率高，引领装配式行业发展。

3）工序紧密穿插

项目采用了全工序穿插的施工策略，通过设计优化，创建了内装式单元幕墙体系。此体系允许在任意楼层、房间，由内而外进行安装，从而最大限度地利用现有的工作空间。在已有的窗式幕墙内装的基础上，持续优化了外立面幕墙的设计。

具体来说，山墙铝板单元、主装饰线条、层间铝板、层间单元板块及大装饰带等元素，都是在室内完成的，这大大提前了工程进度。这种方法推动了机电和精装修等工序提前进场，实现了全工序的穿插施工，不仅提高了施工效率，更合理、有效地节约了施工时间。

4）交通科学调度

通过优化交通资源配置和协调管理，实现高效运输调度。针对 B 地块交通难题，聘请了高层次专家团队为这个项目专门开发了交通流量测算软件。根据软件的分析和现场实际情况，制定了"工厂—高速公路—现场卸货点"三级交通调度计划。此外还通过采集车辆信息，制定运输调度的时间和空间布局以及运输流线。在调度分流节点，发放了定位设备，通过 C-smart 智慧工地系统、定位设备、无人机等科技手段实现了精准实时调度，解决了交通环境复杂的问题。

第九章　全过程监理模式运营

第一节　全过程设计管理

　　深圳湾区生态国际酒店项目采用方案设计后的 EPC 建设模式，为实现极短工期的目标，施行"并行设计、同步采购、穿插施工"的多边并行推进方式，推行设计—采购—施工一体化。这种模式对项目组的设计管理工作提出了巨大挑战，要求设计管理工作根据项目总控计划和最终目标不断调整工作重心。

1. 设计需求管理

　　项目在方案设计后，存在较多功能需求未明确的情况，诸如医疗卫生垃圾就地焚烧、污水处理排放、厨房工艺、医疗工艺、科技防疫信息化智能化等。监理设计部通过发挥全过程工程咨询自身优势，借助政府部门工程管理平台，开展大量的专项需求分析工作，并与 EPC 总承包单位针对项目各专项工艺进行技术沟通。监理设计人员同时积极组织使用单位开展工艺调研，共同探讨满足各类需求。

　　此外，设计管理者冷静判断影响设计进展的关键因素和问题优先级，积极有序地密集组织方案评审会、专业汇报会、使用需求对接会、专家论证会、外部水电气协调会等，稳步推进总图布局、建筑平立面、使用需求等各项设计前置条件尽快固化。

2. 设计进度管理

　　在项目全速推进期间，各类突发事件的产生及局部工程的滞后有可能对整体工期形成严重影响。针对项目设计进度管理，监理单位通过开展大量工作，设计管理部人员担任"事件推动者"，协助建设单位及使用单位明确项目需求，拟订项目设计工作计划，细分设计工作节点，将设计工作管理的精细颗粒度细化到以天为单位。一方面控制关键节点的严格落实，同时也保持次要节点具备一定的弹性，做到计划与工程实际相匹配，较大程度地避免了频繁更改计划而导致"计划赶不上变化"的情况。另一方面采用清单式管控，对设计计划、需求引领、事项销项等构建进行多层级、全方位管控。每日通过动态信息表，统计设计工作推进情况。

在设计过程中，设计部实施"设计随行"措施，要求设计部各专业工程师与EPC总承包单位设计院各专业负责人相互督促、协同工作，在随时讨论确定技术问题的同时，敏锐发现并应对各种使用需求、材料供应、突发事件的影响，如不能处理则立即上报，通过设计专题会讨论确定。采用此项措施，既有利于监理单位快速理解设计思路，达到与设计师同频共振的目的，又有助于有效掌控设计进度和设计质量。

3. 设计质量管理

本项目为国内首例7层箱式钢结构模块式建筑，且邻近海边，受台风影响较大，因此项目结构体系重点关注抗震及抗风影响。设计部协同专业设计院，建立了由勘察设计大师和业内资深专家组成的专题小组，由国内知名结构抗风领域的专家担任组长，从整体验算、箱体验算、箱体连接节点、预埋构件节点形式、角件盒构造以及箱体在强风地震作用下的模拟分析等方面进行全方位的研讨与评审，对结构可靠性进行充分的验证。模块化箱体结构因各个箱体之间天然脱缝，如防水工艺设计和施工质量不符合要求，将有可能导致接缝之间渗漏冒水。监理单位组织设计院对箱体间的整体防水构造进行专项研究和深化设计，并进行现场实体淋水试验。

对设计图纸的技术审查，除常规地审查使用需求的落实、设计合理性、规范相符性、错漏碰缺等设计缺陷之外，还结合项目快速建设的要求，重点关注从设计源头减少复杂工艺，优化节点构造，为施工端创造良好便利的实施条件。此外，得益于"设计随行"措施，监理单位与设计单位在设计过程中已经就大量技术问题展开讨论，并达成了共识，有效避免了图纸重大修改而影响现场施工的情况。

需要重点指出的是，由于项目工期极短，对各类建筑材料的需求是爆发性的，单一厂家无法在有限时间内提供如此巨量的产品，因此多渠道采购和购置现货进行工程应用的情况难以避免。而各个分包商的供货渠道不同，很可能导致不同楼栋的专业深化图产生众多的差异，尤其以装修和幕墙专业为甚。针对该情况，监理设计部联合 EPC 设计院与 EPC 技术管理部，加强标准管理、图纸管理、深化设计管理等技术全过程管理力度，尽最大可能统一分包大样节点，统筹施工工艺，做到现场施工工艺标准统一。即便如此，在项目"军令如山倒"的工期压力下，专项图纸深化一定程度上必须进行反向设计方可保证工程进度。在类似的短时限高负荷项目中，设计管理者和成本管理者在深化图的统一性方面需有客观的认知，在督导监管方面需有提前的预判。

4. 设计变更管理

本项目设计变更多，且变更原因较为复杂。设计管理过程中严控设计变更，所有设计变更均需说清变更原因，非运营、防疫要求的设计变更只用于施工或整改，不单独计价；原因不明或非必要设计变更直接退回，不允许发生。

设计变更主要分为两个阶段：第一阶段为设计施工过程中发生的变更，包括设计自身、现场施工及应急快建等原因发生的变更；第二阶段为验收交付使用后发生的变更，包括因运营单位、国家防疫政策及建设单位需求等原因发生的变更。监理严格各阶段设计变更流程，在必要的情况下与项目各方召开专题会议，经设计管理专业工程师确认设计变更无误后，设计管理负责人下发项目组（注："项目组"包括"建设单位各专业组、监理单位招采部、造价部及现场监理"），施工单位根据设计变更进行施工，已施工内容则需要根据设计变更进行整改。第一阶段的设计变更在施工完成后，由设计院统一反映到施工图中，不单独计价。第二阶段的设计变更需按照正式变更形式出具设计变更，作为竣工图的一部分，便于造价咨询单位进行计价结算。

5. 设计一线赋能

现场施工工作面全面铺开之时，设计部要求全体设计师下沉到工地一线，以专业技术能力为一线管理赋能，进行每日巡场并形成巡场报告，主动发现问题，思考问题，解决问题。

设计巡场与现场监理人员关注的重点有所不同，设计巡场除核查施工与设计的相符性、施工质量缺陷之外，主要关注点在于施工工序是否合理、是否符合设计要求、是否可通过调整设计对施工进度、施工质量、后期运营使用带来提高和改善。对设计的内容负责，将设计的意图贯彻至最终的产品中，并对过程和结果进行把控，是设计管理前线赋能的意义。

6. 设计管理总结和体会

项目管理的主要目的是更好地实现设计落地，同时协调好各方利益，控制好造价和进度，这需要设计管理者以更高的视角来观察项目全局发展，对设计管理者的综合性提出了高要求。在前期设计阶段，设计管理者必须和设计技术人员一起，及时讨论快速决策；在中期施工高峰阶段，设计管理者必须离开办公室，下到工地一线，承担技术引领的职责；在后期阶段，设计管理者必须着眼于关键环节和重要事件，主动担当，进行大量以技术为先导的组织协调工作。

应急项目必须保障工期，同时质量、安全缺一不可。这类项目对设计管理的切实需求已超越了全过程工程咨询中设计管理的工作范畴，从"设计管理＋咨询"转型升级为"设计管理＋咨询＋专项事件／局部范围的建筑师负责制"。此处的"建筑师"是指一个专业团队，对特定范围或事件提供设计咨询管理，并对过程和结果负责，最终交付符合要求的建筑产品和服务。在应急项目这一"高温高压"的特殊环境中，在某些专项事件和全局事件的某一阶段中，全过程工程咨询的设计管理已不自觉地产生了"建筑师负责制"的萌芽和实际应用。

如何做好应急项目的设计管理工作，可归纳为"IPMT 技术管理组织一体化、节点性工作过程化、建设性工作去边界化"：采用集成技术管理小组模式提高沟通效率、采用"设计随行"的方式进行过程技术管控和过程设计审查、跨出办公室主动承担更多的职责与使命。

第二节　可视化招采管理

1. 合同管理

为契合项目快速建造的需求，项目伊始监理单位认真梳理项目合同结构，制定项目合约管理规划，按照投资分布图理清并细分项目投资规模。在推进的过程中，对投资项目以可视化的形式呈现，监理人员对投资计划进行每日动态分析和实时控制。

2. 材料设备品牌管理

深圳湾区生态国际酒店项目材料设备品牌数量众多，在项目工期压力巨大的情况下，加速推进材料设备的品牌报审工作至关重要。监理单位按照专业对品牌的数量进行梳理，并同 EPC 总承包单位制订项目品牌申报计划，以项目现场生产倒逼材料设备采购计划，以材料设备采购计划反推材料设备品牌报审计划。计划制订完成后，监理单位进行每日的动态控制管理，对于已经报审且符合要求的品牌，在每日工作动态表中以销项清单的方式进行汇报。

3. 认价管理

为了加快项目的实施进度，通过快速发包的方式，采用方案设计后的EPC 工程总承包。在突发紧急的情况下，各种设计条件不明晰、材料设备的指标参数不明确。同时项目体量较大、又涉及平急两用，材料设备种类繁杂，包括污水处理、垃圾就地焚烧、医疗器械等多种工艺设备。因此，项目材料设备定价工作面临巨大挑战。为此，监理单位依照项目所处各阶段施工实际情况，分批询价、快速决策，与建设单位、EPC 总承包单位共同成立应急采购工作小组。项目的定价工作分为信息价、预选招标协议价、询价、竞价四类。其中需要询价的工作由应急采购小组成员共同参与，一个材料设备的询价周期不得超过 1 周，确认时间不得超过 3 个工作日。同时为保证询价结果的合理性、准确性，在重大或大宗材料设备询价工作开展的过程中同步穿插评审工作。

4. 预算管理

1）组织保障

依据"IPMT"建设团队要求，由建设单位预算部牵头统筹，监理、造价咨询共同参与成立项目商务工作保障组，负责项目投资控制、施工图预算、材料设备定价、支付和结算等工作。前端由监理和造价咨询驻场人员组成，主要深入施工现场，围绕本项目 EPC 合同结算方式和风险控制要求，获取和复核工程计量计价依据、记录（隐蔽）工程施工过程；后端由中心合同预算部和造价咨询人员组成，主要进行施工图预算审核、材料设备定价、结算审核等，实现前端＋后强协同工作。同时，充分发挥深圳市政府部门两级经济专业组咨询作用，解决本项目模块化箱体计价、材料设备定价分歧及其他重大商务争议等重大问题。

2）动态投资控制

（1）确定总投资。围绕项目建设规模、建设标准和建造方式，通过调研类似项目，分析和比对基础和结构选型、装修标准和材料、机电系统配置，合理确定总投资估算报请当地市政府批准，以此作为投资控制目标。

（2）设计可行的 EPC 发包模式和结算方式。围绕项目建设任务和建设周期要求，采用方案后 EPC 工程发包模式，并结合发包条件和调研情况，制定以工程量清单计价＋下浮率的结算方式，无信息价材料设备采用询价采购为主的定价方式。

（3）多阶段造价对比。围绕 EPC 特点，按照设计出图进度，及时跟进施工图预算、设计变更费用编制，及时进行造价测算和动态调整，始终保持不偏离总投资控制目标。

（4）推进材料设备定价。全面梳理无信息价材料设备品类，技术要求与工程量，制度询价采购、引用预选招标协议价、分部组价、现场竞价和询价等多种定价方式，根据材料进场计划实施定价工作。

（5）推行过程结算和动态结算。对具备独立结算条件和基础、结构等单位工程，按照工程进展分楼栋组织过程结算，逐步反映真实的项目投资。

（6）收集和完善结算依据。监理和驻场造价咨询每天随项目施工进度同步跟进现场计量依据和资料收集，包括隐蔽工程、材料设备进场、施工节点、施工方案等内容，检查结算依据的完整性、合法性等，及时纠偏。

3）总结和思考

针对没有适用定额的新工艺，造价人员要驻厂监造，搜集现场第一手资料，包括工艺过程、人材机消耗等信息，为计价合理性提供参考依据。对于工期紧张的快速建造项目，应及时处理无信息价材料设备的定价询价，造价人员可介入采购过程，以掌握材料设备的价格信息。此外，造价人员还要做好施工现场施工资料的收集，如土方的外运弃置、内运、隐蔽工程记录等，以便完整掌握施工过程中的各项费用数据。

第三节 综合性统筹管理

综合管理工作贯穿于项目的始末，是全过程工程咨询管理工作中主要的一环，协同各部门关联作业，高效推动项目管理运行，有着承上启下、沟通内外、后勤保障的作用。作为监理单位承上启下的支点，做好统筹管理工作是综合管理的重要任务，打造高效、激情、奉献、和谐的工作团队是综合管理工作重要目标。鉴于深圳湾区生态国际酒店项目的特殊性，该项目的综合管理工作任务异常艰巨，涉及信息统筹管理、后勤保障管理、项目党建管理、项目文化建设与宣传管理、项目报批报建管理、项目防疫管理、项目会务管理等。

1. 项目信息管理

工期紧任务重，政治定位高，因此每日形成的信息量非常庞大。将繁杂的信息量进行收集、提取、总结，为领导的快速决策提供支撑，是项目关键工作之一。而监理单位作为独立开展工作的第三方，确保整理的信息的真实性、有效性、完整性是保障项目快速推进、快速决策的重中之重。为此监理单位团队建立的项目实施动态信息表正是项目信息管理的最主要推手。监理人员每日收集整理设计工作、商务工作、施工现场及工厂等的最真实情况，对汇总后的信息与计划执行情况进行研判，对明显影响工期、质量、安全的情况，立即采取对应的管控纠偏措施。

2. 后勤保障管理

为打造一支能打硬仗、能打胜仗的队伍，后勤保障必须提供最强有力的支撑。监理单位的后勤保障工作拥有相应的激励政策，在助推项目高效开展全过程咨询工作中发挥了极大的作用。后勤保障工作涵盖项目部车辆管理、办公用品采购管理、报销管理、食宿管理等方面。项目部配备专车两辆，用于员工出行使用。办公用品及其他耗材登记后 24 h 内采购到位。项目自办食堂菜品丰富，以高标准的伙食保证员工有充足的体力和精力投入高强度的持续作战。